太空之旅

少年科学家
通识丛书

《少年科学家通识丛书》
编委会 编

中国大百科全书出版社

图书在版编目（CIP）数据

太空之旅/《少年科学家通识丛书》编委会编 . —
北京：中国大百科全书出版社，2023.7

（少年科学家通识丛书）

ISBN 978-7-5202-1390-5

I. ①太… II. ①少… III. ①宇宙—少年读物
IV. ① P159-49

中国国家版本馆 CIP 数据核字（2023）第 124856 号

出　版　人：刘祚臣

责任编辑：程忆涵

封面设计：魏　魏

责任印制：邹景峰

出　　　版：中国大百科全书出版社

地　　　址：北京市西城区阜成门北大街 17 号

网　　　址：http://www.ecph.com.cn

电　　　话：010-88390718

图文制作：北京杰瑞腾达科技发展有限公司

印　　　刷：小森印刷（北京）有限公司

字　　　数：100 千字

印　　　张：8

开　　　本：710 毫米 ×1000 毫米　　1/16

版　　　次：2023 年 7 月第 1 版

印　　　次：2023 年 7 月第 1 次印刷

书　　　号：978-7-5202-1390-5

定　　　价：28.00 元

我们为什么要学科学

世界日新月异，科学从未停下发展的脚步。智能手机、新能源汽车、人工智能机器人……新事物层出不穷。科学既是探索未知世界的一个窗口，又是一种理性的思维方式。

为什么要学习科学？它能为青少年的成长带来哪些好处呢？

首先，学习科学可以让青少年获得认知世界的能力。其次，学习科学可以让青少年掌握解决问题的方法。第三，学习科学可以提升青少年的辩证思维能力。第四，学习科学可以让青少年保持好奇心。

中华民族处在伟大复兴的关键时期，恰逢世界处于百年未有之大变局。少年强则国强。加强青少年科学教育，是对未来最好的投资。《少年科学家通识丛书》是一套基于《中国大百科全书》编写的原创青少年科学教育读物。丛书内容涵盖科技史、天文、地理、生物等领域，与学习、生活密切相关，将科学方法、科学思想和科学精神融会于基础科学知识之中，旨在为青少年打开科学之窗，帮助青少年拓展眼界、开阔思维，提升他们的科学素养和探索精神。

《少年科学家通识丛书》编委会

2023 年 6 月

第一章 漫步云端——星空巡礼

第二章 仰望天外河——自然天象

第三章 天河夜转漂回星——星座物语

比宇宙星河更无垠的，

是孩子们的**好奇心**和**探索欲**。

第一章

漫步云端——星空巡礼

疑似银河落九天——流星雨

流星雨

沿同一轨道绕太阳运行的大群流星体称为流星群。流星群接近地球时，人们会看到天空某一区域在几小时、几天甚至更长时间内流星数目显著增加，大大超过通常的偶现流星数，有时甚至像下雨一样，这种现象称为流星雨。在发生流星雨时，流星的出现率通常是每小时十几条到几十条，但在发生流星暴雨时，可高达每小时几千条乃至几万条。

每当流星群接近地球时，地球上看到某个天区的流星明显增多的现象。太阳系中有许多沿不同轨道环绕太阳运行的密集的流星体，它们是彗星挥发和遗撒的碎小物体。流星雨起源于彗星，而流星的前身是弥散于行星际空间的微小固态天体。每逢遇到轨道上的流星群最密集区，观测到的"最大值"激增，称为流星暴雨。与流星的随机偶现不同，流星雨出现有定时和固定的辐射点，遂以辐射点所在星座命名。最著名的如狮子座流星雨，每年 11 月 18 日前后出现，每隔 33 年有一次流星雨盛期。1799、1833 和 1966 年曾出现流星暴雨。

其中 1966 年的最盛期曾记录到的最大值达 50 万个。狮子座流星雨是周期彗星 55P/ 坦普尔 – 图特尔的遗撒物撞入地球大气层烧蚀产生的发光现象。

流星雨不仅在夜间存在，在白天也同样存在。利用雷达已观测到不少白天的流星雨，从而发现了与之有关的流

1833 年狮子座流星暴雨（图画）

流星

新疆铁陨石

星群。中国古代有丰富的流星雨记录。

火流星

流星是来自行星际空间的微小固态天体以高速进入地球大气并在夜空呈现的发光余迹现象，大小从 0.01 毫米到 10 米不等，而形成目视可见的流星现象的流星体典型大小为几毫米。进入大气的运行速度为每秒几十千米，在地球表面之上 90 ~ 100 千米处蒸发并辐射发光。火流星指凡亮度超过金星乃至白天可见的流星。行星际空间中叫作流星体的尘粒和固体块闯入地球大气圈同大气摩擦燃烧产生的光迹，特别明亮的，叫作火流星，有的甚至白天可见。火流星经过时，偶尔可听到声响，未烧尽的流星体降落到地面，就是陨石。

侧目看月相——上弦月与下弦月

月球圆缺（盈亏）的各种形状。月球本身不发光，只是反射太阳光。

月球绕地球运转，地球绕太阳运转，月球、地球和太阳三者的相对位置不断变化，因此，地球上的人所见到的月球被照亮部分也在不断变化，从而产生不同的月相。月相与月球、太阳之间的黄经差有对应关系，当黄经差为0°、90°、

上弦月

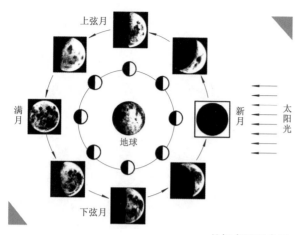

月相成因示意图

180°和270°时，月相依次称为新月（朔）、上弦、满月（望）和下弦。月相更替的平均周期等于 29.53059 日，即朔望月的平均长度。月相可从月龄大体上推算出来。中国夏历（农历）日期基本符合月相变化。每月初一必定是朔；至于望，则可能发生在十五、十六、十七这三天中的任意一天，以十五、十六居多。

天外的不速之客——陨星

从行星际空间穿过地球大气并陨落到地球表面上的宇宙固态物体。进入大气前的运行速度为 15～20 千米／秒，当

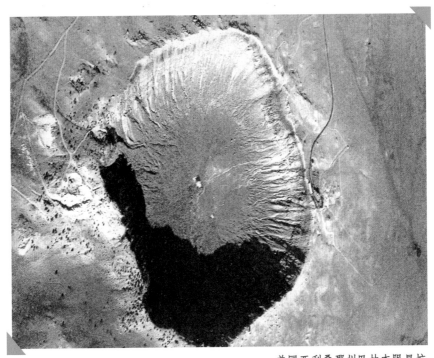

美国亚利桑那州巴林杰陨星坑

距地球表面 100 千米时摩擦起火燃烧，陨星外壳融化并气化，形成气、尘和离子尾。

陨星质量持续减少的过程称"烧蚀"。此时陨星往往裂碎成几块，甚至上千块。当落至 20 千米时速度锐减到 3 千米／秒，白炽化停止，烧蚀终熄。烧蚀最终以每秒几百米的自由落体速度陨落地面，熄止后往往还伴有轰响之声。

传统上陨星按成分分为石质陨星、铁质陨星（或陨铁）和石铁陨星三种类型。现代则更趋于划分为层化陨星和非层化陨星两类。按照不同的纪年方法，陨星的年龄可分为晶化年龄、辐照年龄和陨落年龄。晶化年龄是根据一对同位素放射性衰变测定的年龄，可追溯到太阳系形成之初。辐照年龄是从开始经历宇宙线辐照起计的时间长度。陨落年龄则指到达地面并终止宇宙线辐照的岁月。

各种袭来的小天体——小行星

沿近圆或椭圆轨道环绕太阳运行，没有彗星活动特征，大小从几厘米到1000千米的固态小天体。它们的绝大多数均分布在火星和木星的轨道中间的小行星主带中，与位于外太阳系的半人马族型小天体和海外天体、近地天体（NEO）、特洛伊族小行星及彗星均属太阳系小天体。

发　现

自从经验地描述大行星与太阳距离的提丢斯‑波得定则于18世纪70年代提出以后，火星和木星的公转轨道之间是否存在未知天体问题开始为天文学家所关切。1801年意大利天文学家 G. 皮亚齐在用望远镜目视巡天时观测到一颗在天球上移动的天体，经过轨道计算表明，它是位于火星和木星轨道之间的行星，但亮度仅 7 ～ 8 视星等，后又推算出直径不足 1000 千米，和当时已知的任意一颗行星都相差太大，遂称为"小行星"。1802 年德国天文学家 H.W.M. 奥伯斯发现第二个，1804 年德国天文学家 K.L. 哈丁观测到第三个，1807 年奥伯斯又发现了第四个，它们也都是使用望远镜沿黄道带目视巡天所得。天文学家从而认识到，正如波得定则所预示，火星和木星轨道之间的空区，确实还有环绕太阳运行的天体。19 世纪下半叶，由于天文观测中引进照相方法，到 1900 年已发现的小行星增至 450 个，到 1950 年总数达 1600 个。1994 年以来，组建了国际间的小行星搜索网，采用效率更高的探测组件，使用计算机控制和管理望远镜并主持观测、搜索、发现、计算轨道和验证等全部巡天程序，推动了小行星观测事业的发展。到 2021 年 12 月，已发现的小行星总数为 114 万个，有永久编号的 60 万个。

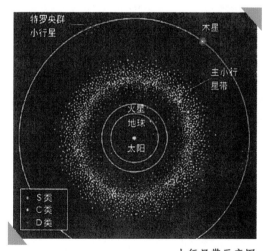

小行星带示意图

命　名

在发现 4 个小行星后，西方天文学家按照大行星以古代神话中的神灵为名的传统，也将小行星冠以罗马神话中的女性小精灵之名。它们是谷神星（小行星 1 号）、智神星（小行星 2 号）、婚神星（小行星 3 号）和灶神星（小行星 4 号）。这一命名传统一直延续到 19 世纪 80 年代，随着新发现的小行星总数近 300 个，神话人物所剩日减而不敷选用。经国际天文界协商，新的命名由有命名权的发现者（天文学家或天文台站）自行取名。如张衡（1862 号）、郭守敬（2012 号）、牛顿（8000 号）、哈勃（2069 号）、莫扎特（1034 号）、中国科学院（7800 号）、北京大学（7072 号）、小行星命名辞典（19119 号）、联合国（6000 号）、北京（2045 号）、美国国家航空航天局（11365 号）、CCD 组件（15000 号）等。1995 年国际天文学联合会 (IAU) 下属的小行星中心颁布了新修订的命名管理法则。新的发现或疑似发现后，由小行星中心给予暂定编号。在新发现的小行星获得至少 4 次回归观测资料，并测定精确轨道之后，再给予永久编号，如 20146 号小行星。与此同时，发现人或发现单位获得专名命名权。

形态结构

由于小行星的尺寸较小，引力不足以克服固体应力以达到流体静力学平衡，因此小行星一般呈现不规则形状。例如中国由嫦娥二号首次完成的飞越小行星探测任务拍摄到了近地小行星（4179）Toutatis 的光学图像，结果表明该小行星为一颗由两部分连接在一起构成的具有双瓣结构的小行星，称为双瓣小行星或接触双小行星。另外，有些小行星，特别是近地小行星，其形状呈现陀螺型，这类小行星一般具有较快的自转速率，如日本隼鸟 2 号任务的探测目标近地小行星（162173）Ryugu 就是此类小行星。此外，有些小行星类似地球一样具有一颗自己的卫星，这种小行星系统称为双小行星。

嫦娥奔月——月球

地球唯一的天然卫星，也是离地球最近的天体。又称"月亮"，古称"太阴"。

身份标识

半径 1740 千米，约为地球的 27%。体积为地球的 1/49。表面积相当于地球的 1/14，略小于亚洲面积。质量为地球的 1/81。平均密度 3.34 克/厘米^3，相当于地球的 3/5。赤道表面重力加速度 1.62 米/秒^2，只及地球的 1/6。表面逃逸速度 2.4 千米/秒，约为地球的 21%。地月之间平均距离为 384400 千米，约为地球直径的 30 倍，与地球构成太阳系中独特的地月系。从地球上看月球，视圆面直径的平均值为 31′，和太阳的视圆面大小相当。为既能形成日全食，也能实现日环食提供了必要的条件。虽然月球的反照率只有 0.12，比地球的 0.37 小了许多，只因离地球近，使之成为地球夜空中最亮的天体。满月时的视亮度为 -12.7 星等，比金星最亮时还亮 2000 倍。月球轨道偏心率 e 为 0.055，比地球轨道偏心率 0.017 大许多，从而形成地月之间距离的变化幅度是：近日距 356400 千米，远日距 406700 千米，二者之比约为 88/100。月球在近日点附近时出现的日食可以是日全食，而在远地点附近时则多为日环食。

运动特征

月球轨道和地球轨道的倾角平均为 5.15°，这就是被称为"白道"的月球在天球上的运行轨迹与太阳在天球上的

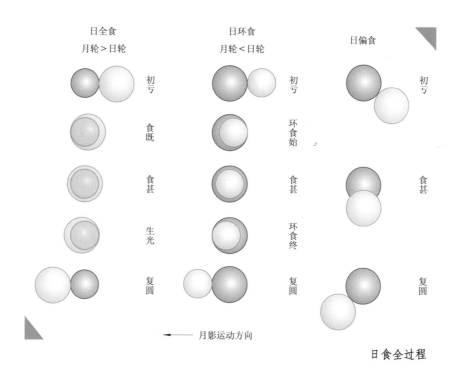

日食全过程

运行轨迹"黄道"的交角。月球赤道和它公转轨道的倾角为 6.67°。月球以逆时针方向绕距离地球中心 4671 千米处的地月系重心的运转周期平均为 27.32166 日，称为"恒星月"。在月球绕行的同时，地球也以逆时针方向绕日运行了一段行程，因此以太阳为基准的运行周期平均为 29.53059 日，称为"朔望月"。以黄道和白道的交角为基准的运行周期是 27.21222 日，称为"交点月"。以近地点为基准的运行周期是 27.55455 日，称为"近点月"。而以春分点为基准的运行周期是 27.32158 日，则称为"分点月"。月球的轨道运行速度平均是 10.1 千米 / 秒，只及地球轨道速度的 1/3。月球以逆时针方向自转。自转周期是 27.32166 日，长度与公转周期相同，形成了月球总是以同一个半球朝向地球的天象。月球自转和公转的同步周期现象在太阳系天然卫星中是唯一的。月球赤道和地球轨道的倾角很小，只有 1.52°，所以月球上几乎没有季节现象。由于自转速度和轨道速度的不均匀性，以及月球赤道和公转轨道倾角的存在等因素，致使地球上的观测者能看出月面边缘的前后摆动，因而能看到的月球表面达 59%。这一天象称为"天平动"。

月球没有大气，也没有液态水。月面上白天温度可达 120℃，夜间则降至 -180℃。月球没有可探测的磁场。

天文学史上的月球研究

月球是除太阳外与地球和人类关系最为密切的天体。地球上的潮汐现象是太阳和月球以及太阳系其他天体的引力作用结果。月球的质量虽然只及太阳质量的 1/27000000，但月地距离却只有日地距离的 1/400，所以月球的起潮力是太阳的 2.2 倍。可以说，正是由于有了月球才有潮起潮落的周而复始和大潮小潮的互相交替；正是有了月球的存在，才会有日食和月食天象。

在地球上，月球是唯一用肉眼能够观察到盈亏和月相逐日变化的天体。月相变化的顺序是朔月、蛾眉月、上弦月、盈月、满月、亏月、下弦月和残月。自古以来，月相变化的周期称为朔望月，为一种基本计时单位，中国称之为"月"。凡只以月相周期安排的历法称为"太阴历"。中国传统历法是兼顾月相周期和太阳周年运动的阴阳历，所以朔望月始终是古历的基础。

望远镜发明后，天文学家开始绘制和拍摄月面图，按地形地貌的结构和特征分别冠以"环形山""湖""海""山""山脉""洋""沼""岬""溪""峭壁""湾""谷"等。随着天体物理学的兴起，最终证明月球表面没有任何液态的水，湖、海、洋、沼、溪、湾等与水有关的名称其实全都名不副实。

静海南部摩尔特克坑（直径 7000 米）

从 18 世纪末到 20 世纪初，经过几代天文学家的努力，如 P.-S. 拉普拉斯、C.-E. 德洛内、P.A. 汉森、J.C. 亚当斯、S. 纽康、G.W. 希 尔、F.F. 蒂色 朗、H. 庞 加 莱、E.W. 布朗等，运用日益完善的天体力学方法，建立了成熟的月球运动理论，能够精确地描述月球的运动细节。

月球的空间探测

月球是人类首先实现就近考察和就地勘测的天体，也是人类第一个登临的天体。人造地球卫星于 1957 年上天两年之后，苏联空间探测器"月球" 3 号在 1959 年飞掠月球，并发送回月球背面的照片，展示了人类从未得见的月球背面图像。之后苏联与美国更是发射多颗探测器对月球进行探测。美国 20 世纪 60 年代开始实施"阿波罗"探月计划，更是实现载人登陆月球。

20 世纪 70 年代之后，太阳系的空间探测转向其他目标，直到 1994 年美国"克莱门汀"这个主要用于军事目的的探测器发现月球极区有水蕴藏的迹象，从而重又引发了新的月球

"克莱门汀"飞船用激光测高仪测得的月球地形图
（左为月球正面，右为月球背面）

探测。之后世界各国皆开展自己的月球探测项目。中国的月球探测始于 2007 年，经过多年探测，已取得多项成绩，如 2019 年人类首次月球背面着陆、2020 年实现中国首次月球采样返回。

第二章

仰望天外河——自然天象

"偷天换日"——日食

在地球上看到太阳被月球遮蔽的现象。

发生原因

太阳发光，月球（俗称月亮）不发光。月球是依靠反射太阳光而呈银白色的。月球绕地球公转，而地球又带着月球绕太阳公转。

太阳的直径约为1400000千米，大致是月亮直径3500千米的400倍。但月球离地球的平均距离仅约380000千米，又大致是日地平均距离约150000000千米的1/400。因此太阳的视角径（日轮）与月球视角径（月轮）几乎是一样大小，都是约32′。由于月球公转轨道和地球公转轨道都是椭圆（地球和太阳分别位于月轨椭圆和地轨椭圆的焦点上），日地距离和月地距离会略有

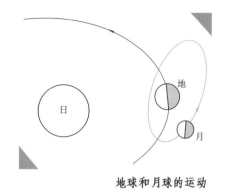

地球和月球的运动

变化，使得月轮有时会略大于日轮，有时会略小于日轮。另外，农历是根据月相变化制定的历法。月相是月球被太阳照亮部分的形状，如镰刀形和半圆形等，取决于日地月三者的相对位置。月相变化的周期是 29.353 天，称为朔望月（比月亮的公转周期 27.3 天略长），也就是农历一个月的平均长度。当月球运动到日地之间，即从地球上看月球和太阳在同一方向时（三者不一定在一直线上），地球上看到的是月球未被太阳照亮的半球，也就是看不见的黑月亮，称为新月，也称为朔，对应于农历初一。

当月球运动到太阳的相反方向，即地球处在日月之间时（三者也不一定在一直线上），看到的是月球被太阳照亮的半球，就是满月，也称为望，对应于农历十五或十六。如果地球绕太阳的轨道和月球绕地球的轨道在同一平面上，则每逢农历初一月球走到日地之间时三者处在同一直线上，就会发生地球上看到月球遮挡太阳的日食现象。但实际上地轨和月

轨并非在同一平面上，而是相互倾斜成5° 9′的交角。因此一般情况下，在朔日，日月地三者并不在一直线上，不会发生月球遮挡太阳的日食现象。只有当月球在自己的轨道上运行到地球轨道平面附近时，才会出现日月地三者正好或近于在一直线上，发生月轮遮蔽日轮的日食现象。这就是为什么日食总是发生在农历初一，但并非每逢农历初一都有日食的道理。

种类和过程

日食可分为日偏食、日全食和日环食三种。发生三种不同类型的日食，与月球的影子结构和日食时地球在月影中的位置有关。图中月球的影子有三种区域：由月球直接伸展出去的锥形暗区是月亮的本影区；由本影延长线构成的锥形暗区称为伪本影区；本影和伪本影周围的斜线区就是半影区。若某次日食时，仅是月球的半影区落在地面上，该地区只能看到日轮的一部分缺失，就是日偏食。若某次日食时月亮的本影落到地面上（相当于月地距离较近和月轮略大于日轮的情况），则处在

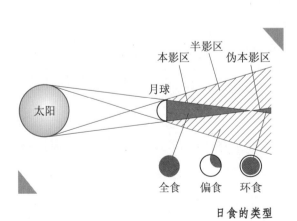

日食的类型

本影区将看到整个日轮被遮，就是发生了日全食。若某次日食时只有月亮的伪本影到达地球（相当于月地距离较远和月轮略小于日轮的情况），则处在伪本影区将会看到只有日轮的中央部分暗黑，这就是日环食。日全食和日环食合称为中心食。

随着月亮的公转运动和地球自转，月亮的影子将会在地面上扫过一大片区域。其中本影或伪本影扫出的地带非常狭窄，宽度只有几十至几百千米，长度则可达几千至上万千米，它们分别称为全食带或环食带。处在全食带或环食带地区就将会先后看到日全食或日环食。而在全食带或环食带两边地区显然就是月球半影扫过的地区，这些地区就只能看到日偏食。月球自西向东运动，地面上的月影也是自西向东移动，因此总是西部地区比东部先看到日食。月球自西向东运动的另一结果就是，日轮总是从西边缘开始被月轮遮蔽，然后向东扩大，在东边缘结束日食。

日食的全过程及各阶段。若为日全食，则可分为5个阶段。其中食既至生光为日全食时间，一般为2～3分钟，最长7分多钟，最短只有几秒钟。日环食也分为5个阶段，其中环食始至环食终为日环食时间。日偏食只有初亏、食甚和复圆3个阶段。对于日全食和日环食，月轮直径与日轮直径之比称为食分。日全食的食分大于1，日环食的食分小于1。对于日偏食，食分则指食甚时日轮直径被遮部分占日轮直径的分数，它总是小于1。

当月轮即将完全遮挡日轮，亦即食既之前的瞬间，日轮的东边缘仅剩一丝亮弧时，会在亮弧上出现几颗如珍珠般闪亮的光点，这是太阳光通过月球边缘的一些环形山凹地涌出的结果。英国天文学家贝利首先解释了这一现象，因而也称贝利珠。较大的光点光芒四射，更像钻石镶嵌在亮弧上，常称为钻石环。随即食既开始，"星夜"降临，天空中闪现出星星，而黑色的月轮周围显现出太阳的高层大气—红色的色球和银白色的日冕，十分绚丽多彩。而在生光之后，亦即日轮重新露出的瞬间，还会在日轮西边缘看到贝利珠和钻石环，随即消失并露出较多的日轮，天空变亮，日全食结束。日环食时天空变暗不明显，但天空中高悬着一圈金色的圆环也是很奇特的罕见天象。

频繁度和观测意义

天文学家的计算表明，平均每个世纪可出现67.2次日全食、82.2次日环食和82.5次日偏食。由于日全食带和环食带非常狭窄，每次日食只占据地球表面积的极少部分，有时还位于海洋、人口稀少或难以到达的地区，因此看到日全食和日环食的机会很少。对于某一具体地区来说，平均每300多年才能看到一次日全食或日环食。与此相反，日食时月亮半影扫过的地区面积（就是偏食带）很大，日全食和日环食时，全食带和环食带两边的地区也在月亮半影中可看到日偏食。因此看到日偏食的机会相当多，对于一个地区而言，平均每3年可看到一次日偏食。

日食现象不仅有观赏价值，还具有科研价值，主要是提供了研究太阳高层大气的有利时机。太阳的大气可分为3层：平时看到的日轮是太阳的最低层大气，称为光球，厚度仅几百千米，太阳的可见光辐射几乎全部是由光球发射出来的。光球上方是厚度为几千千米的色球层，亮度只有光球的万分之一。色球的外面还有一层延伸至几个太阳半径之外的最外层大气，称为日冕，亮度只有光球的百万分之一。非日全食时，暗弱的色球和日冕完全被明亮的天空背景所淹没，但日全食时，由于明亮的光球被月亮遮蔽，全食带地区上空的大气失去强光照射（处在月亮的本影当中），天空变成暗黑，使色球和日冕得以显现，为研究它们提供了"天赐良机"。

日全食也是研究因太阳发射的光辐射和带电粒子流（太阳风）突然被月球遮挡，而对地球的电离层、电磁场、臭氧层、低层大气，以及其他地球环境（如引力场、重力场、固体潮和宇宙线变化等）产生影响的好时机。同时，还可在日全食时进行 A. 爱因斯坦预言的光线弯曲试验。中国的科研人员也曾多次对日全食进行观测研究。几次规模较大的综合性观测包括 1968 年 9 月 22 日在新疆、1980 年 2 月 16 日在云南、1977 年 3 月 9 日在黑龙江漠河地区发生的日全食。

中国也曾组织过小型观测队，于 1983 年到巴布亚新几内亚、1988 年到菲律宾、1991 年到墨西哥和夏威夷进行日全食观测。

　　21 世纪的前 20 年，中国境内可看到两次日全食和 3 次日环食。2008 年 8 月 1 日的日全食，在新疆、甘肃、内蒙古、宁夏、陕西、山西和河南等部分地区可以看到。2009 年 7 月 22 日的全食带则经过西藏、云南、四川、重庆、湖北、湖南、江西、安徽、江苏、浙江和上海等省（市、区），日全食时间长达 5 ~ 6 分钟，是一次非常难得的机会。2010 年 1 月 15 日，在云南、四川、重庆、贵州、湖北、湖南、河南、安徽、山东和江苏等部分地区可看到日环食，环食时间长达 4 分钟。2012 年 5 月 21 日的环食带则经过广西、广东、江西、福建、浙江、台湾、香港和澳门等部分地区，环食时间也是 4 分钟。2020 年 6 月 21 日，在西藏、四川、重庆、贵州、湖南、江西、福建和台湾的部分地区看到日环食。2030 年 6 月 1 日在东北部分地区还可看到一次日环食。

　　2040 年之前，还可以在中国境内看到两次日全食。一次是 2034 年 3 月 20 日的日全食，发生在新疆和西藏的交界地区。另一次是 2035 年 9 月 2 日的日全食，全食带横越中国西北和华北地区，覆盖了首都北京，以及包头、大同、秦皇岛等城市，值得关注。2020 年 6 月 21 日在西藏、四川、贵州、湖南、江西、福建、台湾一线看到一次日环食。

"天狗吞月"——月食

地球上看到月球进入地球的影子后月面变暗的现象。发生月食的原因与日食类似，但也有所不同。对地球而言，当月球运行到与太阳相反的方向，即地球处在日月之间时（三者无须在一直线上），看到的是月球被太阳照亮的半球，就是满月，也称为望，对应于农历十五，有时十六。

如果地球绕太阳的轨道与月球绕地球的轨道是在同一平面上，则每逢农历十五或十六，日地月三者将处在一直线上，使月球处在地球的影子里面而显得暗淡无光，就是月食。但实际上地轨和月轨并非在同一平面上，而是相互倾斜呈5°9'的交

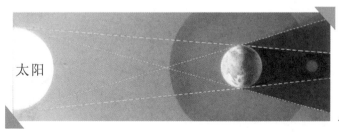

太阳

月食

角。因此一般情况下，在望日并不会发生月球进入地球影子的月食。只有当月球运行到月轨和地轨平面的交界线附近又逢望日时，日地月三者才会正好或近于一条直线，使射向月球的太阳光被地球遮挡，出现月食现象。这就是月食总是发生在望日（农历十五或十六），但并非每逢望日都有月食的原因。

月食也有几种不同类型。当月球的一部分进入地球本影时，进入地影的月面部分将变暗，就是月偏食；当月亮整个进入地球本影时，整个月轮将显得暗淡，就是月全食。若月亮仅仅是进入地球的半影，天文学上称为半影月食，这时月球的亮度减弱很少，肉眼是觉察不到的，一般不称为月食。实际上即使是处在地球本影中的月偏食和月全食，被食的部分月轮或整个月轮也并非完全暗黑，而是呈暗弱的古铜色，这是地球大气对太阳光散射和折射造成的。地球大气分子把太阳光中波长较短的蓝光和紫光散射到其他方向，而剩下波长较长的红光和黄光折射到月亮上，使其成为古铜色。

月球在地影中由西向东运动，因此与日食相反，月食总是从月轮的东边缘开始，在西边缘结束。月全食的整个过程包含五个阶段。

月食的食分定义为：食甚时月轮进入地球本影的最大深度（即图中食甚时月轮上边缘最高点 a 与地影下边缘最低点 b 的距离）与月轮直径之比。月偏食的食分小于 1，月全食的食分等于或大于 1。月食与日食的另一不同点是地球上不同地区的居民是在同一时间看到月食的。只要能看到月球的地方，看到的月食过程是一样的。

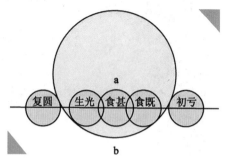

月食全过程

天文学家的计算表明，发生月食的机会比日食少，但每次月食时，地球上夜间半球的居民都可看到，因此对任一地区来说，看到月食的机会反而比日食多。

由于地球影子的长度超过月地距离，地球影子的直径也远大于月球的大小，不会出现月球进入地球伪本影的情况，因此没有月环食。

太阳光环——日冕

太阳的最外层大气。

日冕位于色球上面，亮度仅为光球亮度的百万分之一，

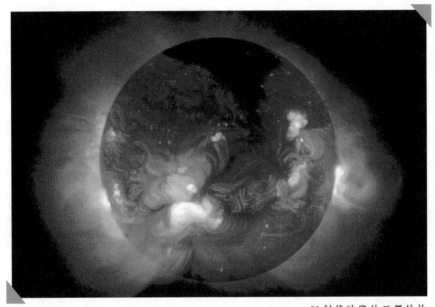

X 射线波段的日冕结构

比地面上的天空亮度暗得多，因此在地面平时看不见日冕，必须用专门的仪器——日冕仪或者在日全食时才能看见。安装在海拔 2000 米以上高山（那里天空散射光很弱）的日冕仪也只能看到从太阳边缘至大约 0.3 太阳半径范围的日冕。日全食时看到的日冕呈银白色，也是太阳边缘以外的投影日冕。从最好的日全食照片上，能够看到它可延伸到 5 ~ 6 个太阳半径的距离，但实际上它可延伸到超过日地距离。距日心 5 ~ 6 个太阳半径以外的日冕物质是以很高的速度向外膨胀的，形成所谓的太阳风。太阳风就是动态日冕。日冕的温度高达 100 万 ~ 200 万℃，但密度却小于 10 ~ 14 克 / 厘米^3，而且随日心距迅速下降。日冕的温度比下层大气，即色球和光球高得多，原因是有非辐射能源输入日冕，使其获得额外加热。关于非辐射能源的性质,现正在探讨之中。可在空间飞行器上用 X 射线观测整个太阳半球面上的日冕结构,能够看到活动区上空的日冕区中有许多亮环,非活动区的日冕则由更大尺度的弱亮环贯穿,还有一些几乎全暗黑的区域称冕洞。高温条件下的日冕物质处在高度电离状态,自由电子和各种高次电离原子倾向于沿磁力线延伸,因此日冕中的这些结构实际上反映了它的磁场分布。

晨晕蒙影——白夜

日出前和日落后的一段时间内天空呈现出微弱的光亮,这种现象和这段时间都叫作"晨昏蒙影"。这种现象是由大气散射引起的,与季节、当地经纬度和海拔高度以及气象条件等有关。日出前,曙光初露的时刻称为晨光始;日落后,暮色消失的时刻称为昏影终。

晨昏蒙影分三种:①太阳中心在地平下 6° 时称为民用晨

光始或民用昏影终，从民用晨光始到日出或从日没到民用昏影终的一段时间称为民用晨昏蒙影，这时天空明亮，可以进行户外作业。②太阳中心在地平下12°时称航海晨光始或航海昏影终，从航海晨光始到民用晨光始或从民用昏影终到航海昏影终的一段时间称为航海晨昏蒙影，此时周围景色模糊，星象陆续消失或陆续出现。③太阳中心在地平下18°时称为天文晨光始或天文昏影终，这时天空背景上开始显示或不再显示日光影响，即将呈现白天或黑夜的景象。按照这样的定义，可以计算三种晨光始和昏影终的时刻，它们分别刊载在天文年历和航海天文年历上。在高纬度地方，每年有一段时期整夜出现晨昏蒙影现象，称为"白夜"。纬度越高，白夜持续的时期越长。

神奇现象——极光

来自地球磁层或太阳的高能带电粒子注入极区高层大气时，撞击原子和分子而激发的绚丽多彩的发光现象。极光通常出现在高磁纬地区，在背阳侧主要在100～150千米的高

空，在向阳侧主要在 200～450 千米高度范围内。在地磁活动时期，特别是大的地磁活动时，极光极为壮观。背阳面发生的极光与磁层亚暴密切有关，是亚暴的主要现象之一。在磁暴期间，极光可以延伸到纬度较低的地区。在北半球，人们总是从北边天空看到极光，称为北极光；而在南半球，看到的极光称为南极光。

形态

极光景色壮观，绚丽多姿。如果从地面上观察，极光可分为四种几何形状：①均匀的较稳定的光弧光带，它们沿磁纬方向分布，极盖区近似沿太阳方向，厚度几千米至几十千米，长达 1000 千米，移动速度慢，氧原子绿线强度约几万瑞利。②带有射线式结构的光帘幕、光弧、光柱和光带等，日冕状光块也属于

南极极光

这类。它们沿磁力线方向分布，平均厚度约200米，并随亮度增加而变薄，长数十至数百千米，移动速度快（50千米/秒），氧绿线强度在100万瑞利以内。③弥漫状极光，主要指云形斑块群，沿磁纬方向分布，每块光斑面积在100平方千米左右，亮度最低，氧原子绿线强度几十瑞利，只有很强的弥漫状极光，才能被肉眼看见。④大的均匀发光面，常见的红色极光光面就属于这一类。如果从卫星上拍照，通常只能分辨出两种极光：结构清楚的极光和弥漫状的极光。前者主要是射线式结构的光弧、光带、光柱和帘幕，它们比较明亮；后者指云形斑块和弱的光弧、光带。

分类

极光按观测的电磁波波段分为光学极光和无线电极光。在光学极光中，主要为可见极光和 X 射线极光。

芬兰上空的北极光

可见极光有三种基本类型：①红色极光（A 型极光）。多弥漫状光弧光面，主要是能量小于 1000 电子伏的电子激发的，一般分布在 200～400 千米高空，个别可伸向 1000 千米高度。②白绿色极光（普通型极光）。多数情况下呈现白绿色或浅黄绿色。它没有固定的几何形状，但多为射线式结构，是由能量为 1000～10000 电子伏的电子激发的，分布高度下缘在 100 千米左右，上限为 140～180 千米。③下缘为红色的极光（B 型极光）。多射线式结构，为能量大于 1 万～3 万电子伏的电子激发的，分布高度下缘在 90～110 千米，但个别低至 65 千米。高能电子在突然受到较稠密的大气成分阻滞时可产生 X 射线，称 X 射线极光，它是电子的韧致辐射，可以穿透到很低的高度（30～40 千米）。

极光按激发粒子类型分为电子极光和质子极光。电子注入地球高层大气时激发的极光称为电子极光。电子与氮分子、氧分子、氧原子等相撞时，导致后者电离，激发和离解，产生暗红色极光。高能质子注入地球高层大气时，质子被减速，变成激发态的氢原子，然后发射在紫外波段或红外波段，这种极光称为质子极光。质子极光呈微弱的弥漫状光带，肉眼不易看见，仅在 300～500 千米的高度范围内观测到。质子极光和电子极光可以同时出现。

极光按发生区域分为极光带极光、极盖极光和中纬度极光红弧。极光带极光通常指磁纬 60°～70° 夜间经常看到的极光，多为普通型极光和 B 型极光。极盖极光是磁纬 75° ～ 90° 白天经常看到的极光。它的主要光谱成分是红光，可伸向 1000 千米高度，蓝紫光是另一重要光谱成分。还有一种极盖极光，是太阳色球爆发后喷出的 100 万～ 1 亿电子伏的高能质子造成的，它均匀地覆盖在极地上空（有时延伸到磁纬 60°），伴随云形光斑块。中纬度极光红弧是磁纬 41° ～ 60° 地区在地磁活动增强期间可以看到的极光。红弧强度最大值在 400 千米附近，是一个南北长 600 千米、东西长 1000 千米以上的围绕地球的均匀弧，一般肉眼看不见，只有当红弧较强时才看得见。

一种特殊形式的极光是 θ 极光。从高轨道卫星上看，极光弧跨越极盖从白天向夜间扩展，形成闭合的极光椭圆，形状很像希腊字母 θ。这种极光仅在行星际磁场北向时才能观测到，对其成因还不是十分清楚。

通过对 100 多年观测数据的分析发现，极光是一种周期性的现象。极光出现的频率与太阳黑子数有密切的关系。在太阳黑子数最大年份，极光活动频繁，且极光在极区的扩展范围大；在太阳黑子数最小年份，极光出现稀少，空间扩展范围小。

极光区电离层可以看作太阳活动和地磁活动的屏幕，许多复杂的空间物理现象都可以从这个屏幕上显示出来。通过对极光强度、颜色和分布的观测，可以定量地确定粒子沉降、极区电离层加热等参数，这对于预报空间环境的变化是非常重要的。

气辉现象——地冕

　　地球高层大气中以发生辐射的氢原子和氦原子为主要成分的部分。从地球之外观测，向阳面地球外层空间仿佛戴着一顶主要由氢原子莱曼 α 射线构成的光罩，故此得名。地球大气层中的中性氢原子向地球外逃逸，漫布在等离子体层及其以上的地球空间之中，称为地球外层，又名外逸层。地冕便是地球外层的一种"可视化"表现。

　　地球外层大气极其稀薄，在环电流内边界附近每立方米约有 109 个氢原子。这样低的数密度，很难进行直接探测。地球外层可视为地球大气层的延伸，其外边界称为外层顶，离地球约 20 万千米（31 个地球半径），在此高度上太阳辐射压强与地球引力达到平衡。内边界称为外层底，位于大气逃逸的临界高度，离地面大约 500 千米。在这一高度以下，大气层足够稠密，大气分子和原子的运动受碰撞控制；在外层底以上，碰撞次数减少，速度足够高的大气原子可以挣脱地球引力的束缚，逃逸到行星际空间之中。除逃逸粒子之外，外层中也存在受引力束缚的氢原子。这些原子在引力作用下或沿弹道轨道运动，或像卫星一样绕地球转动，然后逐步落入稠密大气层之中。

从月球上看地球

　　地冕的发射属于气辉现象。地冕中的粒子，通过共振散射和荧光散射过程，将吸收的太阳远紫外波段中氢和氦的辐射再释放出来，形成自己的发射。地冕发射不仅发生在太阳辐射直接照射到的区域，而且通过光子的多次散射，传输到地球的阴影区。氢原子共振线莱曼 α 射线是地冕发射中最强的谱线，它的发射强度随发射区的高度和太阳天顶角而变化。1972 年，美国登月宇宙飞船"阿波罗"16 号的宇航员，在月球上拍摄到的地球的远紫外辐射照片，显示了地冕莱曼 α 辐射强度的全球分布。这项观测还发现，在远离地心 15 个地球半径的地方，仍能从行星际辐射背影中区别出地冕的辐射。

第三章

天河夜转漂回星——星座物语

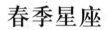

春季星座

大熊座——北斗七星

大熊座中排列成斗形的 7 颗亮星。这 7 颗星是大熊座 α、β、γ、δ、ε、ζ 和 η。中国名称分别称天枢（北斗一）、天璇（北斗二）、天玑（北斗三）、天权（北斗四）、玉衡（北斗五）、开阳（北斗六）和摇光（北斗七）。前 4 颗星，即天枢、天璇、天玑和天权组成斗形，故名斗魁，或称魁星，又名璇玑。后 3 颗星，即玉衡、开阳、摇光三星组成斗柄（即斗杓）或称玉衡。除天权是三等星以外，其余 6 颗星都是二等星。北

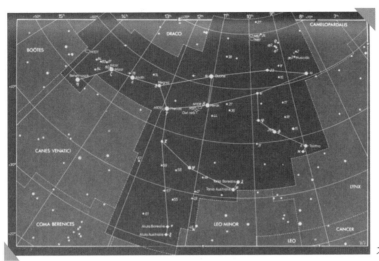

大熊座

斗七星离北天极不远，它们常被用来作为指示方向和认识北天其他星座的标志。天枢和天璇两星相距约5°。如果把连接这两颗星的线段沿天璇至天枢方向延长约5倍，可找到一颗视亮度与它们不相上下的恒星，那就是小熊座α星，即北极星。所以天枢和天璇又称指极星。

由于恒星自行的缘故，北斗七星的形状随时间发生缓慢的变化。北斗二至北斗六都是早A型主序星。北斗一是光谱分类为K0 III的红巨星。北斗七为B3V。此外，北斗一又是轨道周期约为44年、偏心率约0.4的目视双星。北斗五是

北斗七星在20万年间的变化示意图

已知最亮的 A 型特殊星，亮度、光谱和磁场强度都有周期性变化。北斗六是著名的目视双星，两子星相距约 14.42 角秒，该两星的亮度分别为 2.27 等和 3.95 等，它们又各是分光双星，所以北斗六实际包含 4 颗星。离北斗六 12′ 处有一个四等星（大熊 80，中国古名称为辅）。北斗七星离地球远近不等，大致在 60 ～ 200 多光年。北斗七星天区有 M51、M97、M101、M106 和 M108 梅西耶天体。

牧夫座

牧夫座 α，全天第四亮星，北半天球第一明星，天上最亮的红巨星。它是照相和光电方法测视向速度的标准星。英国剑桥大学天文台 1968 年出版了波长范围 3600 ～ 8825 埃的《大角星分光光度测量图册》。由分析得知，它的大气中碳同位素含量比值 12C/13C 约为 6，比太阳系相应值 89 小很多，这反映了它的化学演化的特殊性。此外，据 1979 年发表的研究结果得知，太阳、大角和球状星团 M13 中某一红巨星之间的金属丰度对比约为 40 : 10 : 1，因此可以根据元素的丰度把大角星归为中介星族 II 恒星。人们不仅由光谱观测了解到大角星在向外抛失物质，而且近年来用 1.5 米太阳塔作光导摄像管天体分光光度测量，发现质量损失率变化很大。通过人造卫星和火箭的红外线检测，已在大角星光谱的紫外线区、可见光区、红外线区都发现了发射线。美国用 2.7 米望远镜在 1978 年几个月间测得大角星 HeI10830 线由天鹅座 P 型轮廓逐渐变成吸收线，后来完全消失，然后又成发射线。这表明大角星色球温度达 15000 ～ 20000 开，色球活动比太阳的强得多，说明大角星也是某一种光谱变星。大角星的质量（以太阳质量为单位）仍未定准，目前有各种数值：0.1 ～ 0.6，0.7 ～ 1.7，0.61 ± 0.32，0.6 ～ 1.3 等。

室女座

黄道带的第六个星座，也是其中最大的星座。全部星座中排名第二，仅次于长蛇座。位于天球赤道上，西邻狮子座，东接天秤座，北依牧夫座，南连长蛇座。古希腊人把室女座想象为生有翅膀的农神得墨忒尔的形象。

室女座有一颗明亮白色的 α 星，中文名角宿一，亮度 0.98 星等，在黄道线南方 2° 左右，是春季大三角顶点之一（另两个顶点是狮子座的 β 星五帝一与牧夫座的 α 星大角），位置正好是女神左手持的麦穗之处，自古室女被认为"贞洁"与"尊贵"的象征。她手拿着麦穗，仿佛在和人们一

室女座星系团中心区

起欢庆丰收。秋分点正落在室女座上，太阳每年的 9 月 16 日至 10 月 31 日通过此星座。顺着大熊座北斗勺把儿的弧线，就可找到牧夫座 α 星，也就是大角。沿着这条曲线继续向南，经过差不多同样的长度可见一颗亮星，这就是室女座 α 星。连接北斗的 α 星和 γ 星，延长 7 ~ 8 倍远的地方也可看到角宿一。

室女座虽是全天第二大星座，但这个星座中只有角宿一是 0.98 等星，还有四颗 3 等星，其余都是暗于 4 等的星。把这个星座可简化为一个大写的字母 "Y"：以 α 星到 γ 星为柄，从 γ 星开始分为两叉，γ、δ、ε 为一分支，γ、η、β 为另一分支。好在有角宿一这颗亮星，才没有使室女座这个春天著名的黄道大星座太黯淡。角宿一是全天第十六亮星，它和大角及狮子座 β 星构成一个等边三角形，称为 "春季大三角"。春季大三角和猎犬座 α 星组成的菱形称作 "春季大钻石"，神话说这是天神宙斯送给他的姐姐得墨忒尔的礼物。春天看星时，在找到了大熊座的北斗七星和小熊座的北极星后，紧接着就应该找到这个大三角。这样再找其他星座就很容易。

狮子座

黄道带的星座之一。由于岁差的缘故，4000 多年前的每年 6 月，太阳的视运动正好经过狮子座（现在的 6 月，太阳的视运动已经到了金牛座与双子座之间）。那时波斯湾古国迦勒底人认为，太阳是从狮子座中获得热量，天气才变得热起来。古埃及人也有同感，因为每年这个时候，许多狮子都迁移到尼罗河河谷中去避暑。狮子座里的星在中国古代也很受重视，把它们喻为黄帝之神，称为轩辕。

春夜通过春季大三角找到狮子座β星后，它东边的一大片星，都是狮子座的星。狮子座中δ、θ、β三颗星构成一个显著的三角形，这是狮子的后身和尾巴；从ε到α这六颗星组成镰刀形状，这是狮子的头，连接大熊座的指极星（即勺口的两颗星）向与北极星相反的方向延伸，就可以找到它。狮子座的α星是轩辕十四。自古以来，此星常被视为帝王、王者、支配者、英豪、力量泉源等的代名词，颜色呈白色，视星等为1.35，是狮子座最亮的星，也是全天第二十一颗亮星。狮子座的β星、牧夫座的大角以及室女座的角宿一，组成了春夜里很重要的春季大三角，呈等腰三角形，延长大

毕宿五

熊座 δ 和 γ 星到 10 倍远的地方可找到它。古代航海者经常用它来确定航船在大海中的位置，所以狮子座 α 星又有"航海九星之一"的称号。轩辕十四位于黄道附近，它和同样处在黄道附近的金牛座毕宿五、天蝎座的心宿二和南鱼座的北落师门在天球上各相差大约 90°，正好每个季节一颗，被合称为黄道带的"四大天王"。狮子座的 β 星为位于狮尾的五帝座一，亮度 2.1 等，亦呈白色。位于脖子位置的狮子 γ 轩辕十二，亮度 1.9 等，颜色呈橘黄色，为狮子座第二亮星，是一颗双星，由两个光度分别为 2.4 和 3.5 等的橘黄色星组成。每年 11 月中旬，尤其是 14、15 两日的夜晚，狮子座的 ζ 星附近会有大量的流星出现，这就是著名的狮子座流星雨。它大约每 33 年出现一次极盛，早在公元 931 年，中国五代时期就记录了它极盛时的情景。到了 1833 年的最盛期，流星像焰火一样在 ζ 星附近爆发，每小时有上万颗。狮子座流星雨在 1866 年还很盛，1899 年时却少了很多，到 1932 年和 1965 年时只看到了不多的几颗。到 1998 年和 1999 年时，狮子座流星雨再展雄姿，又出现了极盛期。著名的狮子座流星雨的辐射点即出现在此星的位置。每年 11 月中旬当地球穿越此流星群时，则可在狮子座的位置观测到这壮丽的奇景。

夏季星座

天鹰座（牛郎星）

夏天的代表星座之一。7～8月的夜晚可见于银河的东侧。位于天球赤道上，被武仙、蛇夫、射手、摩羯、人马等著名星座环绕。并隔着银河与天琴、天鹅座遥遥相对。银河东岸与织女星遥遥相对的地方，有一颗比它稍微暗一点儿的亮星，就是天鹰座α星，即牛郎星。天鹰座的星图，古希腊人把它想象为一只在夜空中展翅翱翔的苍鹰，牛郎星就是鹰的心。牛郎星的视星等为0.77，蓝白色，距地球只有16.8光年，是距离地球最近的一等星，在全天亮星中排名第十二，实际亮度为太阳的11倍。它和天鹰座β、γ星的连线正指向织女星，天鹰座的主星是牛郎星，与天琴座主星织女星是中国古老的七夕爱情神话中的主角。牛郎、织女与天鹅座的主星天津四

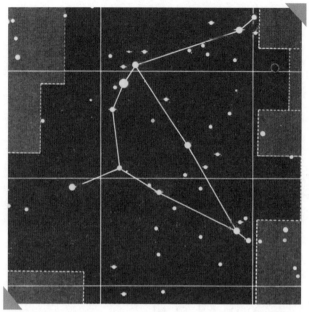

天鹰座

在夏夜构成一明亮的直角三角形，称为夏季大三角。牛郎星两侧有两颗四等左右的星，分别为天鹰座 β 河鼓一和天鹰座 γ 河鼓三，中国神话中这两颗星是牛郎和织女所生的一对子女。这三星和猎户座的参宿三星以及天蝎座的心宿三星是著名的三连星，古代天文观测上都有不少记录。希腊神话中天鹰座是天帝宙斯身旁的一只老鹰，负责传达宙斯的雷电。天鹰座 α 星的阿拉伯语是老鹰之意。天鹰座有一颗著名的变星——天鹰座 η 星天桴四，属于造父变星，星等变化为 3.6 等到 4.5 等，是这类恒星中最亮的一颗。变化周期为 7 天 4 小时，用肉眼或双筒望远镜就可看见其变化。

天琴座（织女星）

夏天的代表星座之一。在 7 月到 8 月的夏夜里高挂在银河的西侧。位于天鹅座、天龙座和武仙座之间，并隔着银河与天鹰座遥遥相对。中国古老的七夕牛郎与织女的爱情神话，织女星（织女一）就是天琴座的主星 α，而牛郎星则为天鹰座的主星。织女星旁边，由四颗暗星组成的小小菱形就是织女织布用的梭子。希腊神话中天琴座是伟大音乐家奥菲斯所弹的竖琴。天琴座最亮的星为天琴 α 星（织女一）。织女星的视星等为 0.03 等，呈蓝、白色，是全天第五颗亮星，北天球排名第二，仅次于牧夫座的大角星，亮度为太阳的 25 倍。它离我们 25.3 光年，是第一颗被天文学家准确测定距离的恒星。天琴 β 星（渐台二），是一颗双星，而其主星又是一颗食变星，亮度介于 3.3 ~ 4.4 等，周期为 12 天又 22 小时。菱形 4 星中东北角的天琴 δ 星（渐台一）是一颗远距双星为为光学双星，一颗为亮度

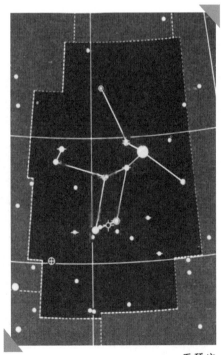

天琴座

4.3 等的红巨星，另一颗为亮度 5.6 等的蓝白色的星。此外，在织女星东北不远处有一颗天琴 ε 星（织女二），这颗星是双重双星，也就是四合星，用双筒望远镜或视力良好者可见到一对 5 等星。4 颗星距地球约 30 光年。在天琴座 β 星及 γ 星间，有一类圆圈状的 M57 星云，称为环状星云，它是一行星状星云，距地球约 2000 光年。用口径 8 厘米以上的望远镜则可见其圆环。

天琴座里面也有一个很著名的流星雨。它出现于每年的 4 月 19 日至 23 日，尤以 22 日最壮观。世界上关于它的最早记录，出现在中国古代的典籍《春秋》里，它生动地记载了公元前 687 年天琴座流星雨爆发时"夜中，星陨如雨"的天象。

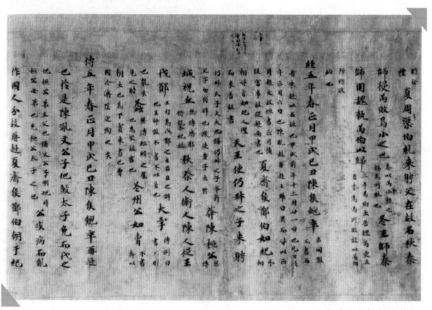

《春秋》（唐代手抄）

人马座

人马座，又称射手座，一个南天黄道带星座。人马座是夏季夜空中最大、最显著的星座之一。它西接天蝎座、东连摩羯座，北面是蛇夫座、盾牌座和巨蛇座，南边则是一系列小型星座，如望远镜座、显微镜座、南冕座等。面积867.43平方度，占全天面积的2.103%，在全天88个星座中，面积排行第十五。人马座中亮于5.5等的恒星有65颗，最亮星为箕宿三（人马座ε），视星等为1.85。每年7月7日子夜人马座中心经过上中天。人马座并不难认，因为它主要的星排列得像一个茶壶：箕宿二（δ）、箕宿三（ε）、斗宿六（ζ）及斗宿三（φ）组成壶身；斗宿二（λ）为壶盖；箕宿一（γ）为壶嘴；斗宿四（σ）与斗宿五（τ）为壶柄。另外其中六颗星排列相斗杓：斗宿一（μ）、斗宿二（λ）、斗宿三（φ）、斗宿四（σ）、斗宿五（τ）和斗宿六（ζ），在古代中国称为南斗六星，也就是斗宿名称的来源。从地球看来，本银河系的中心位于人马座，虽然银心被人马臂上的星云和尘埃带所遮挡，但是人马座的银河仍是非常浓密，中间还有很多明亮的星团和星云。这个星座中的天体主要是银河深处的宇宙天体，包括发射星云和暗星云，疏散星团和球状星团以及行星状星云。人马座有多达15个梅西耶天体——这是所有星座中最多的。其中很多用双筒望远镜就可以观测到。

天蝎座

黄道带的第八个星座。夏季夜空中最美丽的星座之一。位于天秤座与射手座之间，上方为蛇夫座，下方则与人马座比邻，在6月至9月的南方天空可看到它的身影。轮廓像一只夹向前伸、尾巴微微倒卷的蝎子。当天空晴朗时，天蝎尾端的倒刺清晰可见。银河自西南方穿过天蝎尾部往东北延伸，经过牛郎织女所在的天鹰座及天琴座。太阳于每年的11月23至29日通过天蝎北端的黄道带。

在天蝎的心脏部位有一颗耀眼的红色亮星，此即为天蝎座的α星，中文名称为心宿二，是一颗红色的超巨星，亮度变化在0.9～1.2星等，周期为4～5年，平均亮度为0.96等左右，是全天的第16亮星。天蝎座从α星开始一直到长长的蝎尾都沉浸在茫茫银河里。α星位于蝎子的胸部，因而西方称它是"天蝎之心"。中国古代把天蝎座α星划在二十八宿的心宿

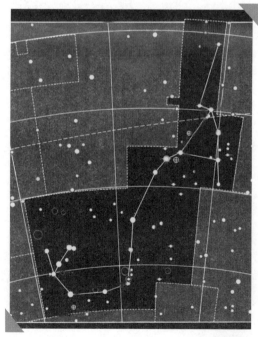

天蝎座

里，称作心宿二。心宿二发出红色光芒像火焰一样，中国古代也称它"大火"。心宿二位于黄道附近，它和同样处在黄道附近的金牛座毕宿五、狮子座的轩辕十四和南鱼座的北落师门一共四颗亮星，在天球上各相差大约90°，正好每个季节一颗，它们被合称为黄道带的"四大天王"。心宿二有一颗密近的5等伴星，呈蓝白色，绕行周期为900年，用中等口径的望远镜可见到。此外，在心宿二的左右各有两颗星，分别为天蝎δ星及τ星—心宿三与心宿一，此三颗星在中国即为二十八宿中之心宿，亦为天蝎座之中心。天蝎的第二亮星为构成尾巴倒刺的λ星"尾宿增二"，亮度为1.6等，呈蓝白色。这颗星与κ、ν、ι、θ及η等星构成"S"形的天蝎尾端。天蝎座中有不少双星和聚星，较亮的有天蝎β房宿四，它是由两颗亮度分别为2.6等及4.9等的恒星所组成，但此二星彼此并无关联，分别距地球530光年及1100光年，是一颗光学双星，用小型望远镜即容易区分。天蝎ζ尾宿三亦是远距双星，视力好的人用肉眼即可区分。ζ1是4.7等的蓝白色超巨星，是NGC6231星团的最亮星；而ζ2则是3.6等的红色巨星，距地球150光年。天蝎μ星（尾宿一）也是光学双星，μ1亮度为3.1等，μ2则为3.6等，彼此并列的角距是58″，肉眼可区分。此外，μ1本身亦是一颗食双星，以34小时的周期在2.9到3.2等之间变化。聚星方面，天蝎座ν星与ξ星皆为四合星，但必须用小型望远镜才可看到。天蝎座位于南半球的银河中，故有不少天体可供观测，最著名的有 M4、M6、M7 及 NGC6231。M4 是一球状星团，在心宿二的西南方，距地球不到 7000 光年，是最接近地的球状星团之一，但必须用小型望远镜才可看见。而 M6 与 M7 是疏散星团，在蝎尾毒钩的东北侧。M6 距地球 2000 光年，肉眼可见到。M7 距地球 780 光年，用肉眼或双筒望远镜亦可见，最亮星为 6 等。NGC6231 亦是著名的疏散星团，距地球 5900 光年，最亮的星是尾宿三，亮度 5 等。

秋季星座

仙后座

秋天的代表星座之一。该星座中最亮的 β、α、γ、δ 和 ε 五颗星构成了一个英文字母"M"或"W"的形状，这是仙后座最显著的标志。位于天球北极附近恒显圈内，终年都能看到。由秋季四边形的飞马座 γ 星和仙女座 α 星向北延长，有一颗明亮的 2 等星，它就是仙后座 β 星（沿这条线再向北可看到北极星）。仙后座的"W"与北斗七星隔北极星遥遥相对，当秋季仙后座升到天顶时，北斗正在天空最低处，这时在中国南方甚至都看不见它。没有北斗可连接仙后座的 δ 星和 ε 星与 γ 星的中点，向北延伸，就能找到北极星。1572 年的 11 月 11 日，仙后座突然出现了一颗在白天都可看到的"客星"。这颗星出现三周后开始变暗，直到 1574 年 3 月才从视野中消失。这种现象现代天文学上称为超新星。神话故事中，仙后座是一位美丽虚荣的皇后，她触怒了海神，最后导致她的女儿（仙女座）被迫成为海怪的祭品。仙后座通常被描绘成一位皇后侧坐在她的王座上。由于仙后座和大熊座分别位于北极星的两侧，所以通常当仙后座转到地平线上方，大熊座就没入地平线。当仙后座落下时大熊座正好升起，故这两个星座常常交替被用来当作寻找北极星的指标。以仙后座寻找北极星的

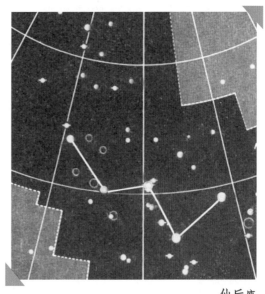

仙后座

方式为：先由 β 星向 α 星做延长线，再由 ε 星向 δ 星做延伸，两线交于一点 X，然后由 X 向 W 的中点 γ 星延伸 5 倍就是北极星的位置。仙后座的 α 星，中文名王良二，亮度 2.2 等，呈黄色，周围有一亮度 8.9 等的伴星。星图中正位于仙后左胸的位置，故其英文名源自于胸部。仙后的 β 星，中文名王良一，亮度 2.3 等左右，颜色呈白色，由于它正好位于天球经度的零度线附近，故亦常被当成现成的经度标之一，星图中这颗星约在皇后的右肩位置。而在 W 中点的 γ 星是一颗变星，中文名策，亮度在 1.6 ～ 3.0 之间，平均亮度为 2.2 等，呈蓝白色。造成它亮度变化的原因是由于这颗星快速旋转，导致其表面气体抛出，并在其周围围绕，使得亮度受到影响。仙后座其他著名星体还有位在 β 星西北侧的 M52 疏散星团和在 δ 星南侧的 NGC457 星团。

仙女座

秋天的代表星座之一。位于秋季四边形的东北角，被飞马座、仙后座、英仙座、双鱼座所围绕，可说是秋天星空的中心星座。仙女座的 α 星与飞马座的 α、β、γ 三星组成一四边形，称为秋季四边形，是秋天星空定方位的指标。神话故事中仙女座是一位命运坎坷的公主，因傲慢的母亲（仙后座）得罪了海神，使她被绑在岩石上当成海怪的祭品。星图中仙女座被描绘成一位美丽的公主被铁链拴在海边岩石上等待着海怪吞噬。仙女座中最亮的是仙女座 α 星，亮度为 2.06 等，呈蓝白色。这颗星原本是属于飞马座的 δ 星，但后来不知何原因被划分至仙女座。在仙女座的星图中，它正位于公主头部的位置。仙女座 β 星，亮度亦为 2.06 等，呈红色。而位于最东边足踝位置的 γ 星，亮度 2.26 等，呈橘色，是一颗双星，用望远镜可看到其亮度 2.3 等的橘色主星与亮度为 5.4 等的蓝色伴星。仙女座中还有一个著名的星体 M31，又称仙女座大星云（现称仙女星系），它是一个与银河系规模差不多大小的另一河外系，直径 10 万光年，由大约两千亿颗恒星、星云、星团所组成的小宇宙，距离地球 220 万光年，但它却是宇宙中离我们最近的星系。M31 在仙女座 β 星西北方，约在仙女座 μ 星的位置，光度约 4.8 等，在晴朗无光

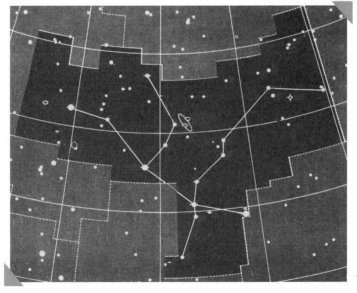

仙女座

的夜空用肉眼可看到一片白茫茫，约有 5 个月球的直径大。除了 M31 之外，仙女座亦还包含几个著名星体，如 γ 星南方的 NGC752 星团、λ 星西南的 NGC7662 星云等。故仙女座在天文中的地位颇为重要。

冬季星座

金牛座

黄道带的第二个星座。冬季星空中美丽又重要的星座之一。轮廓像一只双角前伸的公牛。神话中这只公牛是天神宙斯的化身。金牛座的 α 星，亮度 0.85 星等，离黄道只有 5°，中国古代称它为毕宿五。它和同样处在黄道附近的狮子座的轩辕十四、天蝎座的心宿二、南鱼座的北落师门共四颗亮星，在天球上各相差大约 90°，正好四季每个季一颗，它们被合称为黄道带的"四大天王"。金牛座中最有名的天体是

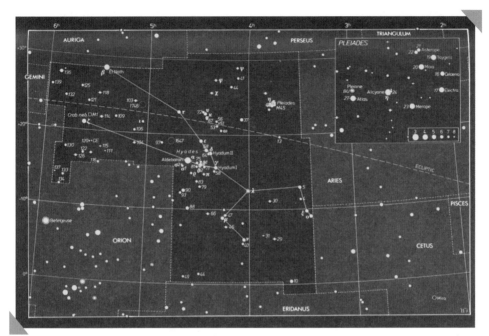

金牛座

"两星团加一星云"。连接猎户座 γ 星和毕宿五，向西北方延长一倍左右的距离，有一著名的疏散星团——昴星团，俗称"七姐妹"。天气好时可看到这 9 颗星，神话中这 9 颗星为泰坦神族的天神阿特拉斯与他的妻子以及他们的七个女儿（七姐妹）。中国古代又称它为"七簇星"。昴星团距离地球 417 光年，直径达 13 光年，用大型望远镜观察，可发现昴星团的成员有 280 多颗星。另一个疏散星团为毕星团，形状呈"V"字形，星图中它构成金牛的脸部。而金牛座的第二亮星是亮度 1.6 等的 β 星，位于金牛座和御夫座的边界上，是两星座共用的星。毕星团距离地球 143 光年，是最近的星团。毕星团用肉眼可看到五六颗星，实际上它的成员大约有 300 颗。毕星团中最亮的星是金牛 η 星，亮度为 2.87 等，为金牛座第三亮星。金牛座 ζ 星的附近，有一个著名的大星云 M1，根据它的形状命名为"蟹状星云"。20 世纪的天文学家推断出蟹状星云是 1054 年一次超新星爆发的产物，而 1054 年的超新星爆发在中国古代文献中有十分详细的记载。

猎户座

冬夜星空中最好认的一个星座。不仅位于天球赤道上，亦为冬季星座的中心，被金牛、御夫、双子、大犬、波江等明亮星座环绕着。形状像一个左手持盾、右手挥刀，与面前的金牛搏斗中的猎人。而右下方的大犬座则是猎户的猎犬，希腊神话中猎户是强壮高大的猎人俄里翁，是勇敢、力量、胜利的象征。由于座中 α、γ、β 和 κ 这 4 颗星组成了一个四边形，它的中央 δ、ε、ζ 三颗星排成一条直线，形成

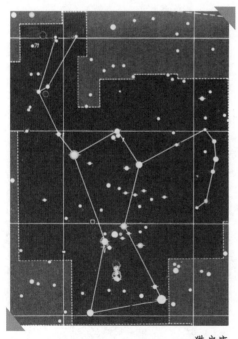

猎户座

猎户的腰带。猎户座最亮的星为位于腰带西南方的 β 星，亮度为 0.12 星等，是一颗蓝白色亮星，中文名参宿七，是猎人俄里翁的左脚踝。而第二亮的 α 星位于腰带东北方，与 β 星相对，是一红色变星，平均亮度 0.5（变化范围 0.4 ~ 1.3）等，为猎户的右肩，中文名参宿四。参宿四和参宿七皆为冬季重要亮星；参宿四与大犬座的天狼星及小犬座的南河三构成"冬季大三角"，是漂亮的正三角形；而自参宿七依逆时针方向与金牛座的毕宿五、御夫座的五车二、双子座的北河三以及小犬座的南河三、大犬座的天狼星组成一多边形，称为"冬季大椭圆"。位于猎户座腰带 ζ 星下方有一模糊的星云，即著名的 M42 星云，又称猎户座大星云或鸟状星云，是最大的气状星云，天气好无光污染时肉眼即可看见。猎户座另一著名星体是编号为 NGC2024 的暗星云，在照片上可看出有片黑暗星云把后面的发光星遮住，形状像一马头，位置在腰带上的 ζ 星之东南方。

第四章

天空之眼——仪器观测

古代天文仪器

璇玑玉衡

"璇玑玉衡"一词出自中国古籍《尚书·舜典》，原文是"在璇玑玉衡，以齐七政"。由于记载简略，含义难以理解，从汉代起就产生两种不同看法：一主星象说，一主仪器说。司马迁主张璇玑玉衡就是北斗七星，《史记·天官书》上说："北斗七星，所谓'璇玑玉衡以齐七政'。"纬书《春秋运斗枢》更把北斗七星的名称与璇玑玉衡联系起来："北斗七星第一天枢，第二璇，第三玑，第四权，第五玉衡，第六开阳，第七摇光。一至四为魁，五至七为杓（柄），合为斗。居阴布阳，故称北斗。"《晋书·天文志》则说："魁四星为璇玑，杓三星为玉衡。"与司马迁的主张略有不同。此外，又有北极（北辰）说，如伏胜在《尚书大传》中写道："璇者，还也，玑者几也，微也，其变几微而行动者大，谓之璇玑，

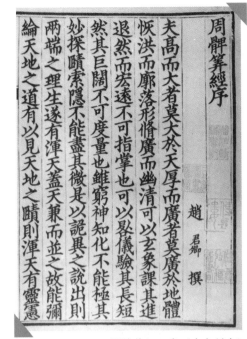

《周髀算经》序（南宋刻本）

是故璇玑谓之北极。"《说苑》则说："璇玑谓北辰，勺陈枢星也。"《周髀算经》称北辰皆曰璇玑，而《星经》又有不同的说法："璇玑者谓北极星也，玉衡者谓北斗九星也。"以上均主星象说。

从汉代起，认为璇玑玉衡是仪器的也大有人在。孔安国说，璇玑玉衡为"正天之器，可运转"，肯定璇玑玉衡为仪器。郑玄说："运动为玑，持正为衡，以玉为之，视其行度。"这也是指仪器。更有人主张璇玑玉衡就是浑仪。马融说："上天之体不可得知，测天之事见于经者，惟玑衡一事。玑衡者，即今之浑仪也。"三国的王蕃说："浑仪羲和氏旧器，历

代相传谓之玑衡。"而北宋的苏颂认为璇玑玉衡是浑仪中的
四游仪。

圭　表

中国最古老、最简单的一种天文仪器。创制年代已不可
考。它包括两个组成部分：一为直立在平地上的标竿或石柱，
汉以后改用铜制，叫作表；一为正南北方向平放的尺，叫作

圭表（1439 年造，陈列于
南京紫金山天文台）

圭。《周礼·大司徒》等篇所称"土圭"，即度圭（量度用圭）之意，是用玉或石制成的。汉以后改用石或铜制。圭和表互相垂直，组成圭表。根据正午时度量表影的长度可以推定二十四节气，从表影长短的周期性变化可以确定一回归年的日数。表影在正北的瞬间就是当地真太阳时的正午，可用以校正漏壶。从《周礼·考工记》可知，战国以前人们已懂得使用铅垂线来校正表的垂直，用水平面来校正圭的水平。

秦以前的表的高度，文献中没有明文记载。汉代以后一致称古代表高8尺。西汉《淮南子·天文训》提出10尺的表，以符合十进制的要求。但后世大都仍用8尺高表。只有南北朝梁大同十年（544）太史令虞邝曾在今南京用过9尺高表测影，这是少见的例外。元代郭守敬把表高增加到36尺，又在表顶上加一根架空的横梁，从梁心到圭面共40尺，这样来提高测影精度；又创制景符，以解决表高影淡的缺点，并可以测出日面中心的影长。明代邢云路曾在万历年间制60尺高表，是中国历史上最高的表。

《周礼》记载，圭长为1尺5寸，这是指便于移动的土圭。汉代记载，太初四年（前101）造的铜表高8尺，长1丈3尺，后者实指的是圭长。后世的圭长大抵差不多。郭守敬增加表高时才把圭长也相应地增加到128尺。这条长圭被称为量天尺。明代又恢复8尺高表和1丈多的长圭。清钦天监在明制表的顶上加了一截，使表高达10尺。这时，表影在冬季会落到圭外。为此，清人在圭的另一端立了一个高 3 尺 5 寸的"小表"，相当于圭的延伸，叫立圭，使表影落在立圭上。量度这段影的高度可以推算得 10 尺表的表影长度。

影表尺

中国古代用来测定投在圭表上日影长短的一种专用尺。又称表尺，后人又称天文尺或量天尺。其前身则为《周礼》提及的土圭，即一种石或玉制短尺。1975 年 10 月，在明初所制铜圭面上，发现了用于计量影长的残存刻度十余处。经过考证和测量，判明明代影表尺尺值为 24.525 厘米，与隋、唐小尺同。

日　晷

利用一根表投出的日影方向和长度以测定真太阳时的仪器。"晷"字的古义是太阳的影子。

汉代以及后来很长的时期内把圭表测得的太阳影长也称为"日晷"。大约元、明以后才把测天体的方位以定时刻的仪器称为"晷"。明末以后，作为测时器名称的"日晷"方流行于世。中国日晷起源于圭表。日中时，表影指向正北的瞬时为正午，即当地真太阳时 12 时正。《史记·司马穰苴列传》中有"立表下漏"的记载，可见远在春秋时代就用表来测定时刻了。但用这种方法一天里只有一次机会得到读数，因此它只能用于校正漏刻的快慢。后来发明了把时角坐标网通过表顶投影到一个平面上，这样白天无论何时都能从太阳的影子来得到时刻读数。这种仪器就是日晷。日晷的部件包括一根表（称为晷针）和刻有时刻线的晷面。

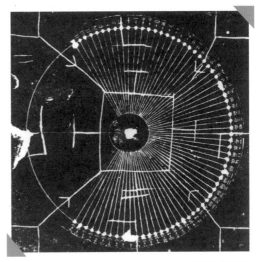

汉玉盘日晷

日晷按晷面安置的方向可以分为地平日晷、赤道日晷、立晷（晷面平行卯酉面）、斜晷（晷面置于任何其他方向）等。晷面也可以制成半球面形，晷针顶点处于球心的就是球面日晷。如果在晷面上按当地的地理纬度和节气刻制 13 条节气晷线（冬至夏至各一条，其余每两个节气用一条），则从表影的方向和尖端的位置可以测定节气和时刻，这种日晷称节气日晷。

中国日晷的早期历史尚不清楚。19 世纪末和 20 世纪初先后在内蒙古、洛阳等地发现了几块秦汉时代的石板。在正方形的平面上刻有大小两个同心圆。大圆上每隔 1/100 圆弧的地方刻有一个浅孔，共 69 孔。每孔向内刻有一条辐射线，到小圆周为止。圆心刻有一略大的深孔。这种石刻合于中国古代把一天分为100刻的时刻制度，所以有些人认为它是一种日晷。但是，它们是地平日晷还是赤道日晷，一直有不同意见。也有人认为它们可能不是日晷，而是一种置于地平面上，用来测定方向或方位角的仪器，不过可以用作正午的漏刻校正器罢了。

第一个明确可靠的日晷记载是《隋书·天文志》所载隋开皇十四年（594）鄜州司马袁充发明的短影平仪。这是一种地平日晷，晷面圆周均分为12辰。圆心立表。袁充测定了不同节气里太阳走过一辰所需的时间，载列为表。但因每个时辰的时间长度相差悬殊，未被后人采纳。

关于赤道日晷，据清代梅文鼎说，安徽宣城有一具唐制日晷，但并无其他文献佐证。明确的记载初见于南宋曾敏行《独醒杂志》卷二，其中说到他的族人曾瞻民（字南仲）发明了"晷影图"。所述结构和后世赤道日晷基本相同，不过晷面是木制的。后世改用石质晷面，金属晷针，以求经久，称为员石欹晷。今北京故宫等处还保存有一些清代制造的石质赤道日晷。

元代郭守敬创制的仰仪，兼有球面日晷的作用。后来朝鲜、日本制作的仰釜日晷则把仰仪中心的璇玑板等取消，改成尖顶的晷针，成为纯粹的球面日晷。

节气日晷以及其他各种形式的立晷、斜晷等大概都是明末来华的欧洲耶稣会士传入中国的，或由中国学者学习刚传入的欧几里得几何学之后自己再创作的。明末天启年间（1621～1627）陆仲玉著有《日月星晷式》一书，介绍了各种类型日晷的制作法，并涉及测星、月用的星晷和月晷。

浑仪和浑象

反映浑天说的仪器，早期常统称为浑天仪。由于浑仪是由许多同心圆环组成的一种仪器，浑象则是一个真正的圆球。"浑"字在古代有圆球的意思，故名。

浑仪

浑仪中有窥管，是一种观测仪器，其主要用途是测定天体的赤道坐标，有时也能测黄道坐标和地平坐标。唐代李淳风设计制造的浑仪，其结构分为外、中、内三层（重）。外层称为六合仪，由子午环（天经双规）、地平环（金浑纬规）和赤道环（天常环）交结成固定的框架。中层称为三辰仪，由璇玑环、赤道环、黄道环和白道环等构成。各环间的相对位置是固定的，但其整体可绕仪器的极轴东西旋转。内层叫四游仪，由极轴、赤经双环和窥管（又称望管）等构成。平行的赤经双环夹着窥管也绕极轴旋转。窥管还可以自由地在双环内转动，因此能指向天空的任何一点。唐以后所制造的浑仪，原理和基本结构都与李淳风浑仪相似，只是把规环或其他零件、部件增减一些罢了。

浑仪（中国铜铸天文仪器，1437年仿制，现陈列于南京紫金山天文台）

浑仪历史悠久。何时发明，尚难断定。西汉落下闳曾造过圆仪，耿寿昌用圆仪测定日、月的视运动。东汉傅安在圆仪上加黄道环，改称黄道铜仪，用以测定二十八宿的黄道经度等。早期的浑仪构造如何，史无记载。有确切记载的是东晋时孔挺所造的浑仪。这架浑仪就是六合仪和四游仪合起来的两重铜浑仪，可以推断早期各家的浑仪相去也不会太远。后来因为要直接测量太阳在黄道上的运动，必须增加黄道环；要直接测量月亮在白道上的运动，又必须增加白道环。又因为天球的周日转动，二十八宿和黄道、白道等在天穹上的位置不断变化，为了适应这种变化就必须使黄道环、白道环和赤道环都能随天球转动方向转动，就有三辰仪的产生。

对于浑仪，中国古代还注意到它的安装位置的校正问题。北魏明元帝永兴四年（412）造的太史侯部铁仪（又称灵台铁仪）有个十字底座。底座上开有水沟，以校正底座平准。北宋皇祐三年（1051）于渊、周琮等造的皇祐新浑仪中，在六合仪的地平环上也开了水沟。大约在唐代以前人们就知道从浑仪极轴两端的圆孔观测拱极星的周日运动来校正仪器极轴的方向。北宋沈括把这个方法发展到很成熟的地步。因此，后来郭守敬在简仪中创造了专门的候极仪装置。

浑象

属于演示性的仪器。在一个大球上刻画或镶嵌有星宿、赤道、黄道、恒隐圈、恒显圈等，和现代的天球仪相似。浑象可能是西汉人耿寿昌发明的。东汉张衡的浑象是他设计的漏水转浑天仪的核心部分。

张衡以后，中国天文学家多次制造过浑象，而且多数和水力机械联系在一起，以取得和天球周日转动同步的效果，其中有名的制造者有三国时陆绩、王蕃，南北朝时钱乐之等。钱乐之于南朝宋文帝元嘉十七年（440）制造的小浑象周

北京天文馆光学天象厅

6尺6寸，有二十八宿、中外星官，以白青黄三色珠为星，以区别甘氏、石氏、巫咸氏星官，黄道上还有日、月、五星。到唐代，一行、梁令瓒把日、月缀于二轮上，可绕浑象运行，并且又和自动报时装置结合起来，开创了中国独特的天文钟传统。到郭守敬，才把报时装置和水运浑象分离开来。现存最古的浑象为清初南怀仁所做，称为天体仪，置于北京古观象台。

三国时葛衡曾经改造浑象。他把围在浑象天球之外代表地的机构移入天球中，天球转动时地仍不动。为了能看到天球中的地，必须把天球挖去多块。这种仪器古代称之为浑天象，后来就发展成为假天仪。假天仪是人们进入天球里面抬头向上看的，犹如现今天文馆的天象厅。中国第一架假天仪是北宋时出现的。

简　仪

中国古代测量天体坐标的仪器。元初天文学家郭守敬创造。因为是将结构繁复的唐宋浑仪加以革新简化而成的，故称简仪。郭守敬摒弃了把测量三种不同坐标的圆环集中在一起的做法，废除黄道坐标环组，把地平和赤道两个坐标环组分解成独立的装置，即今所谓地平经纬仪和赤道经纬仪。同时废弃了浑仪中的一些圆环，赤道装

郭守敬

置中只保留四游、百刻、赤道 3 个环；地平装置中除了地平环外，还增加 1 个立运环。其中百刻、地平两个环是固定的，四游、赤道两环可以绕极轴旋转，立运环则绕垂直轴旋转。

简仪中的赤道经纬仪与现代望远镜中广泛应用的天图式赤道装置的基本结构相同，有北高南低两个支架，支撑可以旋转的极轴。极轴的南端重叠放置固定的百刻环和游旋的赤道环。因此，除北天极附近外，可对整个天空一望无余，不像浑仪那样有许多障碍观测的圆环。为了减少百刻环与赤道环的摩擦，郭守敬在两环之间安装 4 个小圆柱体，这种结构与近代滚柱轴承减少摩擦阻力的原理完全相同。

简仪模型

四游双环中的方柱形窥管被撤去3个柱面，称为窥衡。窥衡的两端各有侧立"横耳"，耳中有直径6分的圆孔，孔中央各装一根细线。观测时使两条细线与星重合，以防止人目位置不正所产生的误差。为了观测两个天体的赤经差，在简仪赤道面上安装两条界衡，可容两人同时观测。

简仪中的地平经纬仪称为立运仪，它与近代的地平经纬仪基本上相似。它包括一个固定的地平环和一个直立的、可以绕铅垂线旋转的立运环，并有窥衡与界衡各一，用以测定天体的高度和方位角。

简仪的另一成就是提高了刻度分划的精细程度，元以前的仪器只能准确到一度的1/12。简仪的部分功能比唐宋时代的浑仪大大前进一步。

简仪底座架中装有正方案，用来校正仪器的南北方向。座架上开有水沟，用以平准仪器。简仪的极轴两端附有候极仪，用以校正极轴方位。

明英宗正统二年（1437）按郭守敬所制仪器仿制的仪器中有简仪一架，明清两代钦天监用于观测，以后就留在北京古观象台，抗日战争前迁往南京，现陈列于紫金山天文台。

仰 仪

中国古代天文仪器，元代天文学家郭守敬创制。它的形状好像一口平放的锅，直径一丈二尺（元代天文尺）。锅口上边刻着时辰和方位，相当于地平圈，上面还有水槽，用以校正水平。在锅口的南部放置东西向和南北向的杆子各一根。南北向杆子延伸到半球的中心，顶端装置一小方板，称为璇玑板。板可以南北向和东西向转动。板的中央开一小孔，小孔的位置正好在半球的中心。在仰仪的内半球面上刻着赤道坐标网。不过，这个坐标网与天球的坐标网，东西相反，以南极替代北极。转动璇玑板，使它正对太阳。太阳光通过小孔在球面上成像，从坐标网上立刻可以读出太阳去极度数和时角，由此可知当地的真太阳时和季节。仰仪基本是一种球面日晷。不过，仰仪的功能比球面日晷广泛，它能测定日食发生的时刻，还可以估计日食的方位角、食分多少和日食发生情况的全过程。它甚至还能观测月球的位置和月食情况。这架仪器利用针孔成像的原理，避免人眼对强烈的太阳光作直接观测。仰仪流传到朝鲜和日本后，取消了璇玑板，改成尖顶的晷针，从而成为纯粹的日晷，被称为仰釜日晷。

星　盘

测量天体高度的仪器。一说是古希腊天文学家依巴谷发明的，一说是更早的阿波隆尼所创造。现存文献中最早论述过星盘的是希腊天文学家塞翁的著作（约375）。中国在元朝制造过这种仪器（1267），在明朝译著过有关星盘的两本书，即《浑盖通宪图说》（1607）和《简平仪说》（1611）。

星盘（约 1572 年制）

仪器的主体是个圆形铜盘，盘的背面安装有一可绕中心旋转的窥管。观测时，将铜盘垂直悬挂，人目用窥管对准太阳或恒星，就可以从盘边的刻度上得到它们的高度。在盘的正面，有用球极平面射影法绘制的星图和地平坐标网。星图上只有最亮的星和黄道、赤道，地平坐标网有以天顶为中心的等高圈和方位角。地平坐标网在下，星图在上。后者是用透明材料绘制的。由观测得到太阳的高度后，将当日太阳在黄道上的位置转到观测到的高度圈上，二者交于一点。这一点和盘面中心的连线（用游尺）同刻在边缘上时圈的交点，就是观测时间。知道太阳当天的赤纬和中午时的高度，也可以求出观测地的纬度。这种仪器还可以根据不同的需要，在盘面上增加其他的东西，如测影的刻度、罗盘和占星用的符号等。它可以应用于教学、航海和测量等，在欧洲和伊斯兰世界曾经长期使用，直到 18 世纪中叶才为六分仪代替。

漏 壶

古代利用滴水多寡来计量时间的一种仪器。漏壶按计时方法大体上可分为两种：一种是观测容器内的水漏泄减少情况来计量时间，叫作泄水型漏壶；另一种是观测容器内流入水增加情况来计量时间，叫作受水型漏壶。在一些文明古国，如中国、埃及、巴比伦等，都使用过漏壶。巴比伦一般使用泄水型漏壶；埃及人两种类型都用，不过受水型漏壶使用较晚，也较罕见。

中国的漏壶也称刻漏。早期的漏壶是在漏壶中插入一根标杆，称为箭。箭下用一支箭舟托着，浮在水面上。水流出或流入壶中时，箭下沉或上升，借以指示时刻。前者为泄水型漏壶，叫作沉箭漏；后者为受水型漏壶，叫作浮箭漏。这两种类型统称箭漏。另一种是以滴水的重量来计量时间，叫作称漏。此外，还有一种以沙代水的沙漏。中国历史上用得最多、流传最广的是箭漏。

漏壶的发明时代尚无定论。在周朝已经有了漏壶。《史记》上曾记载司马穰苴在军中"立表下漏"以待庄贾，日中而贾违令不至，即被处死刑的事件。由此可见，春秋时期漏壶的使用已很普遍了。

西汉的漏壶现已发现五只，分别是在河北满城、内蒙古鄂尔多斯、陕西兴平和山东巨野出土的。前三只漏壶属于同一类型，都是铜制单只泄水型壶，大小稍有不同。壶的形状是圆筒，下有三足，在接近底部的侧面有小孔，安装滴水管，壶上有提梁，梁中央有长方形的孔，用以扶箭直立。巨野漏壶属受水型漏壶，丞相府漏壶则为泄水与受水混合型漏壶。

单只泄水型或受水型漏壶结构简单，使用方便。但是水流速度与壶中水的多少有关，单只漏壶随着壶中水的减少，流水速度也在变慢。这样，就直接影响到计时的稳定性和精确度。后来人们想到在漏水壶上另加一只漏水壶，用上面流出的水来补充下面壶的水量，就可以提高下面壶流水的稳定性。但这种办法只适用于受水型漏壶，因此泄水型漏壶很快便被淘汰了。发明增加补给壶的办法之后，人们自然会想到，可以在补给壶之上再加补给壶，形成多级漏壶。补给壶的使用大概始于西汉末东汉初。东汉张衡已使用二级漏壶，即一只漏壶和一只补给壶（不计最下面的受水壶，下同），晋代出现了三只一套的出水壶，唐初吕才设计了四只一套的漏壶。北宋燕肃又发明了另一种方法。他在中间一级壶的上方开一孔，使上面来的过量水自动从这个分水孔溢出，让水位保持恒定。燕肃创制的漏壶称莲花漏，北宋时曾风行各地。

元延祐三年（1316）的一套漏壶，现保存在北京中国国家博物馆。故宫博物院中有与此类似的一套清代制的大型漏壶。

称漏的最早制造者是公元 5 世纪的北魏道士李兰。称漏盛行于唐、宋。它的构造是一杆吊着的秤，受水壶挂在秤钩上，以受水壶里受水的重量计量时间。按李兰的规定，流水一升，重增一斤，时经一刻。也可以把秤杆上的重量刻度改成时刻刻度，从而直接读出时刻数。

铜壶滴漏（元延祐三年）

沙漏的最早记载见于元代，造沙漏的目的是为了避免水因气温变化而影响计时精度。其原理是通过流沙推动齿轮组，使指针在时刻盘上指示时刻。明初詹希元创制五轮沙漏，后来周述学改进为六轮沙漏。但是流沙容易阻塞，使用并不普遍壶。

现代天文仪器

天文望远镜

用于天文观测的望远镜。从 1609 年意大利天文学家伽利略创制第一架天文望远镜以来，直到 20 世纪 30 年代建成第一架在无线电波段探测来自天体和宇宙的射电望远镜之前的 400 多年间，天文望远镜就是光学望远镜的同义语。现在按照成像原理天文望远镜分为折射望远镜、反射望远镜和折反射望远镜共三类；按照探测天体辐射的不同波段则分为光学、射电、红外、紫外、X 射线和 γ 射线望远镜。

空间望远镜

设置在地球大气高层或大气之外的天文望远镜。它与地面望远镜相比有下列优点：①可接收波段范围更宽的辐射。

一般反射系统在短波方面可以延伸到 1000 埃的远紫外区。对于更短的波长要采用掠射成像系统，目前对 X 射线已能成像。②在宇宙空间不受大气的干扰，光学望远镜的分辨本领可达到它的衍射极限。③天空背景不受大气辉光和照明灯光的影响，有利于对暗星的探测。尤其是因为点像不受大气干扰而变得很锐，对暗星的探测和分光工作都大为有利。④不存在重力引起的结构变形。

空间望远镜光学系统的设计和制造比地面望远镜要严格得多。其镜面的精度要求达到 0.01 微米左右。大口径的镜面在有重力存在的地面上，加工到这样高的精度是困难的。为保持各光学元件与接收仪器之间的精确几何位置，并且要能经受住进入空间时出现的超重和振动，望远镜的机械装置必须有足够的刚度和强度。另外，从运载上考虑，空间望远镜的重量必须尽可能轻，所以，应选择强度高、膨胀系数小的材料（如铍、钛、碳纤维塑料）制造望远镜的机架，而镜面必须采用熔石英或微晶玻璃薄壁蜂窝结构。为了降低仪器本身的热辐射，机架各部分应镀上高反射材料，如金、银等，并尽可能降温。为保证空间望远镜正确地指向目标，并进行跟踪观测，必须有精度很高的

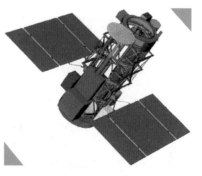

空间太阳望远镜

姿态控制和导星系统。此外，对于各种接收仪器操纵、转换和观测结果的记录输送，还要配备有遥控、遥测系统。

按观测波段和观测对象可分为光学－红外空间望远镜、天体测量空间望远镜、空间太阳望远镜、红外望远镜、紫外望远镜、X射线望远镜和γ射线望远镜。

天体照相仪

专门以照相底片作为天体辐射接收器直接记录星空图像，并通常具有较大视场的光学望远镜。从19世纪下半叶起直到光电器件广泛应用于天文观测之前，近百年期间，和眼睛目视相比，照相术曾成为一种更高效和更客观的天文方法和手段。20世纪上半叶，发明了由三合透镜甚至四合透镜组成的具有像差较小、视场可达几十平方度的天体照相仪。在变星巡天、小行星和彗星搜索、物端棱镜光谱分类等领域都曾作出过重要贡献。

20世纪30年代发明，并从40年代起迅速推广和普及的施密特望远镜问世后，立即显现出经典天体照相仪无法与之比拟的优越性。首先，采用施密特天文光学原理的望远镜主镜是反光镜，经过特殊镀膜后，能够有效反

帕洛马山天文台施密特望远镜

射入入射的天体光辐射的80％以上。然而，主镜由三块或四块透镜的组合体却会阻隔和散射掉入射光的70％～80％，极大地降低了效率。其次，虽然二者都是照相机，但施密特光学适用于可获取更多天体物理信息的国际多色测光系统，如UBV、UBVRI等；但经典天体照相仪受主镜的玻璃元件的限制，至多只能实现照相和仿视双色测光系统。结果曾经作为照相巡天和照相测光的天体照相仪逐渐全面地为施密特望远镜取代。

20世纪80年代起，天文实测中开始了以数字化的电荷耦合器件（CCD）作为天体辐射接收器取代照相底片的进程。众所周知，照相乳胶的光量子效率只有2％～5％，而且感光反应的线性度很差，这是作为测光工具的大缺点。与之相反，具有线性反应的CCD器件的光量子效率却能高达80％以上。结果照相底片连同照相方法都淡出天文观测的历史舞台。

闪视比较仪

用来搜索光度有变化(如新变星)或位置有变动（如小行星、大自行恒星）的天体的仪器。将在不同日期、在相同条件下拍摄的两张同一天区的底片平排分放在仪器底片架上，用适当的光学装置和机械装置使两底片的星像在目镜视场中重合。仪器可采用三种工作方法：①闪视法。使两底片上的星像在目镜视场中交替出现。这时，变星由于星像大小不同就会显现出脉动。运动的天体则显现位置闪动。②比色法。通过不同颜色滤光片同时观看两张底片的星像，变星看起来呈彩色边缘，而运动天体看起来便是不同颜色的分立像点。③立体法。用立体镜同时观看两张底片，变星或运动天体就会产生与正常星不同的立体感。自1956年起，有人将电视应用于闪视比较仪。两束扫描光分别透过两张底片后，进入两个光电倍增管，由光电倍增管输出的信号在混频器上相减，其差值经放大后在电视屏上显示。正常星的两路信号相抵消，变星显示或亮或暗的环或斑点。这里还可接上自动记录仪，记录天体的光度或位置的变化。汤博就是利用了这一仪器发现冥王星的。

三球仪

天文教学和天文普及仪器，又称月地运行仪。它由代表太阳、地球和月球的三个小球组成，并有机械联动装置，用以演示三球关系和由此产生的一些天文现象。为了模仿自然界的真实情况，中间的太阳一般采用发光的灯泡，以照亮地球和月球。地球倾斜着在轨道上绕日旋转，月球绕地球的轨道和地球绕太阳的轨道相交成一个角度。这样就可以演示日食和月食、月球的盈亏、地球的自转和公转、昼夜和四季的交替等现象。

天象仪

一种可在室内演示各种天体及其运动和变化规律的仪器。1923 年，德国蔡斯光学仪器厂发明并创造出样机。那时的天象仪主要是精密光学装置。如今的天象仪已演进为光机电声和计算机综合体的高新技术设备，演示过去、现在和未来的天象的时间跨度可长达几千年。天象仪问世以来，向公众尤其是青少年普及天文知识和宇宙知识作出难以取代的重大贡献。中国于 1957 年引进蔡斯天象仪，安装在北京天文馆。2004 年，增加一台最新型的装置。2007 年，国产第一套数字天象仪正式问世。

天象仪

日冕仪

能在非日食时观测日冕和日珥的形态和光谱的仪器。日冕的亮度仅为日面平均亮度的百万分之一，远低于地面白天天空亮度，只有在日全食时，天空变黑之后，才能在地面上用肉眼看到银白色的日冕和红色的日珥。日冕仪的主要特征是在望远镜主镜的焦平面上设置一个挡光屏，可遮挡主镜形成的太阳光球像，留下的日冕像则由另一个透镜聚焦到终端的焦平面上。望远镜光学和机械设计要求最大限度地消除镜筒内和仪器本身的散射光。此外，仪器应该安置在高海拔的台址诸如 2000 米以上的高山上，以期达到因大气稀薄和洁净致使天空亮度能够下降到相当于或略低于日冕亮度的外部环境。

日冕仪通常用于白光或单色光观测。在口径较大和光力较强的日冕仪焦平面上设置低色散光谱仪可进行日冕和日珥的分光研究。地面日冕仪只能看到日面边缘附近的内冕区域（约 0.3 个太阳半径），而在最佳条件下的日全食期间，则可观测到延伸的外冕（4～5 个太阳半径以远），因此不能完全取代日全食之时的日冕观测。

20 世纪 70 年代以来，一些太阳空间探测器安载了日冕仪。由于日地空间内没有地球大气产生的散射光干扰和视宁度问题，空间日冕仪在任何时间都能观测到内冕和外冕。

射电望远镜

接收并研究宇宙和天体的无线电波（频率20千赫～3吉赫，即射电）的强度、频谱或偏振以及这三个量的变化的装置。包括收集射电波的定向天线，放大射电信号的高灵敏度接收机，信息记录、处理和显示系统，计时系统，环境检测设备，计算机控制和管理等。

经典射电望远镜的基本原理和光学反射望远镜相似，由天体投射来的电磁波经抛物面反射后，同相到达公共交点。射频信号功率首先在焦点处放大，并转换成较低频率，经进一步放大和检波，再记录、归算、处理和显示。

世界上第一台射电望远镜是美国无线电工程师 K.G. 央斯基在 1932 年制造的。发现并确认来自银河系中心方向的宇宙射电，从而开启了射电天文的历史。央斯基的射电望远镜是长 30.5 米、高 3.66 米的旋转天线阵。1937 年，美国天文学家 G. 雷伯建成直径 9.45 米反射式天线，它是世界上第一架抛物面射电望远镜。1946 年，英国建造直径 66.5 米固定式抛物面天线。21 世纪初，最大的可转动式抛物面天线是德国于 1970 年建成的直径 100 米射电望远镜。最大口径的固定式抛物面天线是美国 1962 年建成的直径 305 米望远镜。

20 世纪 50 年代末，英国天文学家 M. 赖尔发明综合孔径技术，用之实现高分辨率的射电天文探测。60 年代末，射电

美国阿雷西博天文台的直径 305 米固定式射电望远镜

天文领域引进干涉测量技术，随后兴建了一批用于探测米波、厘米波以及毫米波宇宙射电，由天线阵组成的射电干涉仪。英国于 1972 年建成 5 千米天线阵。70 年代，中国建造了包括 28 面 9 米直径抛物面天线的米波阵。1981 年，美国完成由 27 面 25 米直径抛物面天线组成的甚大阵（VLA）的建设。这些干涉仪都是综合孔径技术应用的范例。赖尔因其对射电天文领域的开拓性贡献获 1974 年诺贝尔物理学奖。

北京密云射电望远镜阵

1985 年，实现了洲际甚长基线干涉测量

（VLBI），获得 3/1000 角秒的分辨率，揭示距离以 10 ～ 1000 兆秒差距为计的河外天体的以秒差距为计的精细结构，大大超过光学天文领域现有的分辨本领和测量精度。

2020 年，中国在贵州平塘建成并正式开放运行世界最大的 500 米口径球面射电望远镜（简称 FAST，又称"中国天眼"）。

红外望远镜

在红外波段（波长 0.8 ～ 1000 微米）进行天文观测的望远镜。近红外（波长短于 2 微米）望远镜可设在海拔较高且湿度较小的地基天文台，但远红外望远镜则只能置于空间天文台中。2021 年发射的詹姆斯·韦布空间望远镜，有三台仪器工作在 0.6 ～ 5 微米的近红外波段。

紫外望远镜

在紫外波段（波长 91.2 ～ 300 纳米）进行天文观测的望远镜。置于空间天文台中才能有效地避免地球大气的阻断。如 1978 年进入环地轨道的国际紫外天文探测器（IUE）搭载的口径 43 厘米光学望远镜，1992 年升空的极紫外探测器（EUVE）中的望远镜。

太阳望远镜

最基本的太阳望远镜是太阳照相仪，它实际上就是附加上照相装置的光学望远镜，可用于太阳的直接照相。太阳照相仪通常为赤道式装置，由机电转仪钟跟踪太阳。另外，要加上宽带滤光片以减少散射光和像差，取得的照片即是光球的白光图像，可见太阳黑子、光斑和临边昏暗现象。高分辨的白光照相还可见米粒组织、纤维组织、黑子半影等细节。若在望远镜的焦平面后设置放大目镜，并在目镜后置一投影屏，即可实现目视太阳投影观测，称为太阳投影仪。

太阳色球望远镜是观测太阳色球的专门设备。它是在太阳光学望远镜的光路中加上只能透过氢原子发射的 H_α 波长656.28纳米的窄带滤光器，可透过的带宽通常为0.05纳米。色球的亮度虽然只及光球的万分之一，但辐射却在某些波长的谱线上，可见光波段的最强谱线就是 H_α，而在此波长处的光球辐射反比色球的弱。色球望远镜的窄带滤光器根据偏振光的多级干涉原理用双折射晶体和偏振片制成，通称双折射滤光器或偏振干涉滤光器。

大型太阳望远镜大多是一种综合性设备，主要功能是提供多种大小尺度和高质量的太阳像，而终端装置能对太阳像的不同部位和太阳大气中不同层次进行光谱、单色像、磁场、速度场等多种观测。望远镜的光学系统可采用地平式定天镜装置或垂直式定天镜装置，后者也称塔式太阳望远镜或太阳塔。大型太阳塔的定天镜和主镜的口径大多为30～100厘米或更大。有些为了消除气流对成像的稳定性的影响，将主镜置于地下室内并将光路空间保持在真空状态，称为真空太阳塔。此外，为了发挥最大的效益并取得更高质量的观测

中国科学院国家天文台太阳望远镜

资料，应该将望远镜设置在大气条件优良的台址。

　　大型太阳望远镜的终端设备中，最基本的是分光仪器，如单波段光谱仪、多波段光谱仪、单色光仪等。此外，还有根据多普勒原理测定太阳表面物质运动状态的太阳速度场仪，利用塞曼效应测量日面磁场矢量分布图的太阳磁象仪，能对太阳磁场进行实时观测的视频磁象仪等。以视频磁象仪为主要终端设备的太阳望远镜也称太阳磁场望远镜。

折射望远镜

　　物镜为透镜的光学望远镜。1609年，意大利科学家伽利略在得知有人发明了望远镜的消息后，随即用一凸透镜为物

伽利略望远镜

镜，用一凹透镜为目镜，分别置于一个管筒的两端，制成一架放大率3倍的望远镜。随后又制成另一架放大率8倍的望远镜。最后，制成一架口径4.4厘米，筒长1.2米，放大率33倍的望远镜。这就是天文学史上的第一架天文望远镜。后人称之为伽利略望远镜。该光学系统的特征是成的像是正像，像在焦平面之前。伽利略从1609年底起用他手制的望远镜指向夜空，观察天象，得出了许多划时代的天文发现，从此天文学进入用望远镜观天的新时期。

1611年，德国天文学家J.开普勒采用凸透镜即正透镜为目镜，这样的望远镜成像在焦平面之后，像是倒像。后人称之为开普勒望远镜。由于这种光学系统的出射光瞳在目镜之外，便于目视观测，因此从17世纪中叶起天文学家普遍采用开普勒望远镜。

直到18世纪初，折射望远镜的物镜都是单透镜，色差和球差均很严重。1756年，英国光学家J.多隆德发明了由一冕牌玻璃凸透镜和一火石玻璃凹透镜组合而成的消色差复合物镜，才使得折射望远镜成为 18～19 世纪目视观天的主要天文仪器。

世界上最大的折射望远镜

　　进入 20 世纪后，天文学的进展要求要有聚光本领更强大的天文望远镜，观天的主力几乎全都让位于口径可建造得更大的反射望远镜。

反射望远镜

　　物镜为反射镜的光学望远镜。光学性能的主要特点是没有色差。理论上两个以上的反射镜面组成的光学系统还可消除其他像差。反射望远镜的大小通常按主镜的通光口径计，如 1.5 米望远镜、2.4 米望远镜。根据是否采用二次反射或二次以上反射之后再聚焦，能够形成位置不同的焦点。常用的有主焦点、牛顿焦点、卡塞格林焦点、格里焦点、R-C 焦点、折轴焦点等。采用上述不同焦点的望远镜的光学系统，分别称为主焦点望远镜、牛顿望远镜、卡塞格林望远镜、格里望远镜、R-C 望远镜，以及折轴望远镜。

第五章

星际前沿——深空探索

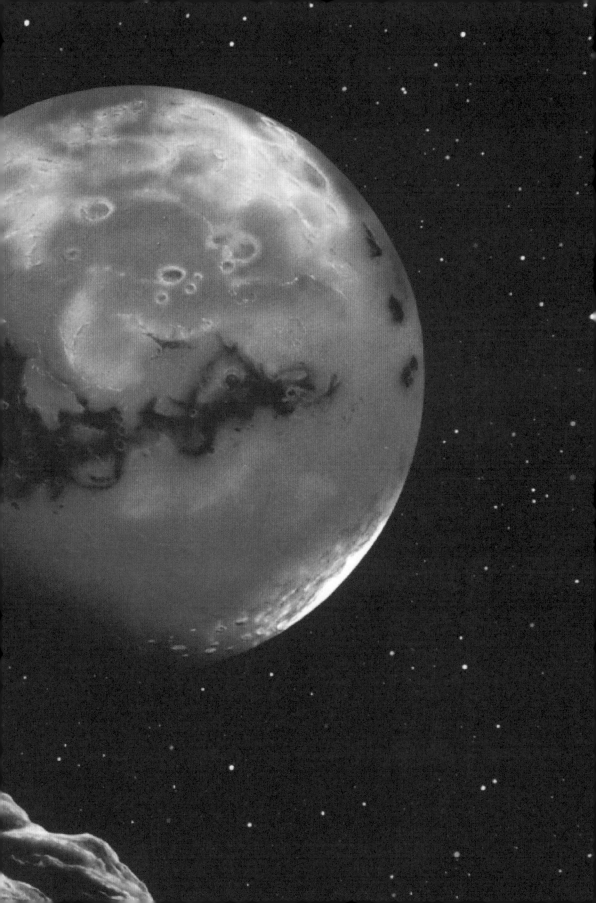

人类登月第一步——阿波罗计划

美国国家航空航天局（NASA）执行的庞大的月球探测计划。

在"阿波罗"计划之前，美国已开始发射不载人的"徘徊者""月球轨道环行器"和"月球勘测者"等月球探测器系列。"阿波罗"飞船的任务包括为载人登月飞行做准备和实现载人登月飞行。原计划发射 19 次，后来减为 17 次。这项计划已于 1972 年年底结束。

"阿波罗"飞船由指挥舱、仪器舱和登月舱组成。"阿波罗"计划经过 3 个模型（"阿波罗" 1～3 号）、3 艘不载人座舱（"阿波罗"4～6号）试验后，"阿波罗"7～10号各载3名宇航员在地球轨道上做飞行测试或绕月飞行。其中，"阿波罗"7号在地球轨道上进行载人飞行试验；"阿波罗"8号接近月球表面约100千米鸟瞰月面；"阿波罗"9号在地球轨道上试验登月舱；"阿波罗"10号进行环月飞行和登月模拟试验，把登月舱下降到距月球表面15千米以内做模拟着陆。1969年7月20日"阿波罗"11号登月舱第一次实现了人类登上月球的创举。从"阿波罗"11号到"阿波罗"17号共载人登月飞行7次，6次成功，各送2名宇航员登上月球。"阿波罗"13号飞向月球途中出现故障，被迫取消登月。

"阿波罗"飞船的各次登月飞行，除宇航员进行观测、照相、采样等例行活动外，"阿波罗"11号宇航员在月面安装了月震仪、激光测距反射器、太阳风收集器、宇宙线探测器等实验仪器。"阿波罗"12、14、15、16、17号各搬去更复杂的月球表面实验组件，包括月震仪、磁强计、太阳风能谱

在月球上行走的航天员和月球车

仪、离子探测器等。"阿波罗"14 号登月舱携带了特别的运输双轮车。"阿波罗"15 号带去一辆重 209 千克的月行车，行驶三次，共计行程约 26 千米，并从飞船服务舱发射一颗子卫星——"月球子卫星"1 号。"阿波罗"16 号在月球轨道上发射了子卫星——"月球子卫星"2 号。"阿波罗"17 号在月球上钻了三口 2.5 ~ 3.0 米深的井，放置仪器。表中列出"阿波罗"登月飞行的实验课题和仪器。"阿波罗"月球探测获得大量有意义的新资料，详细揭示了月球表面结构特性、月面物质的化学成分、光学和热力学物理特性并探测了月球重力、磁场和月震等。

追梦广寒宫——中国嫦娥工程

中国政府于 2004 年批准立项的月球探测计划。

在中国传统文化当中，嫦娥奔月的神话传说寄予了人类对月球的美好遐想。自古以来，人类一直对浩瀚的宇宙充满探索的渴望。苏联科学家齐奥尔科夫斯基曾说，地球是人类的摇篮，但是人不能永远生活在摇篮里。

立项背景

月球是地球唯一的天然卫星，是离地球最近的天体。太阳系早期，地球和月球都经历了小行星的狂轰乱炸，地球由于各种地质过程如板块运动和人类活动，许多信息几乎被抹去。而月球缺乏板块构造，表面近似真空的环境，使之好似太阳系的一个天然博物馆，将太阳系早期演化的信息尽数保留下来。因此通过研究月球，可以研究类地行星的形成和演化，追寻太阳系的形成历史。此外，月球上具有丰富的矿产资源和能源（如氦3），两极永久阴影区有水冰，具有广袤的开发和应用前景，将对人类社会的可持续发展产生深远影响。总之，月球具有巨大的科学价值和经济价值，是人类探测深空走向宇宙的前哨站和中转站，在深空战略上的重要地位不言而喻。1957年10月，苏联发射了世界上第一颗人造地球卫星斯普特尼克1号，标志着人类进入了空间探索的阶段，为人类的航天时代拉开了序幕。1969年7月，美国宇航员阿姆斯特朗、柯林斯乘坐阿波

人类第一次登临月球的足迹

罗11号飞船登上月球，在月球上迈出了人类在地外天体行走的第一步，由此形成了以探月为主要标志的第一次深空探测高潮。20世纪90年代，美国实施了克莱门汀计划和月球勘探者计划，在国际上掀起了第二次探月高潮。在这一国际深空探测背景下，中国科学家经过近十年的科学论证，提出了中国探月工程的发展战略和长远规划。2004年1月，国务院批准成立了中国的月球探测计划，命名为"嫦娥工程"。

发展历程和规划

2004年1月，嫦娥工程的正式立项，拉开了中国月球与深空探测的序幕。中国的嫦娥工程发展战略分为"探""登""驻"三个阶段，又称"大三步"：第一步是"探"——无人月球探测；第二步是"登"——载人登月；第三步是"驻"——建立月球基地，由人短期驻守、开发和利用月球资源和环境。截至2020年12月，中国实施的探月工程是"大三步"中的第一步——"探"。在这一阶段又分为"绕"（绕月遥感探测）、"落"（月面软着陆就位与巡视探测）、"回"（月面巡视勘察与采样返回）三步，简称"小三步"。中国探月工程一期为嫦娥一号任务；二期包括嫦娥二号、嫦娥三号和嫦娥四号任务；三期为嫦娥五号任务；四期包括嫦娥六号、嫦娥七号和嫦娥八号等多项任务。2007年10月，嫦娥一号探月卫星奔向月球，这是继人造地球卫星、载人航天飞行取得成功之后，中国航天事业发展的又一座里程碑，标志着中国航天迈入深空探测新时代。2010 年 10 月，嫦娥二号探月卫星发射升空，成为中国首个飞入行星际的探测器，中国自此成为世界第三个实

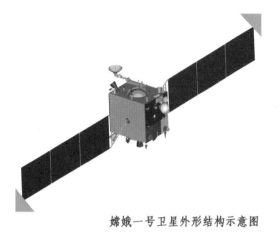

嫦娥一号卫星外形结构示意图

现日地拉格朗日 L2 点探测和第四个开展小行星探测的国家。2013 年 12 月，嫦娥三号探月卫星（由着陆器和玉兔号巡视器组成）发射升空，在世人注目下在月面虹湾地区完美落月，中国成为世界上第三个实现地外天体软着陆的国家。2018 年 5 月，嫦娥四号中继星"鹊桥"发射升空，成为世界上首颗运行于地月拉格朗日 L2 点的通信卫星。12 月，嫦娥四号探月卫星发射，首次登陆月球背面。2020 年 11 月，嫦娥五号探月卫星发射，12 月 17 日嫦娥五号返回器携带 1731 克月球样品成功着陆在内蒙古四子王旗预定区域，中国自此成为世界上继美国和苏联之后第三个返回月球样品的国家。这是人类探月历史 60 年来由中国人书写的又一壮举，标志着中国的探月工程"绕、落、回"三步走完美收官。国务院新闻办公室 2022 年 1 月 28 日发布《2021 中国的航天》白皮书，指出："未来五年，中国将继续实施月球探测工程，发射嫦娥六号

探测器、完成月球极区采样返回，发射"嫦娥七号"探测器、完成月球极区高精度着陆和阴影坑飞跃探测，完成"嫦娥八号"任务关键技术攻关，与相关国家、国际组织和国际合作伙伴共同开展国际月球科研站建设。"嫦娥六号、七号、八号等任务的开展将有助于论证初步建设月球科研站的基本能力、验证核心技术，中国必将成为深空探测强国。

揭秘红色星球——中国火星探测计划

中国针对火星的探测任务。

萤火一号任务

根据中俄两国航天局相关协议，合作研制火卫一——土壤号（Phobos-Grunt）探测器。其中俄方负责主探测器研制，中方负责萤火一号探测器（YH-1）研制。原计划于2009年底发射，后推迟到2011年，由联盟号运载火箭从拜科努尔航

被怀疑有生命迹象的火星表面的微管结构红外照片

天中心发射升空。萤火一号重约110千克，本体长75厘米、宽75厘米、高60厘米，携带照相机、磁强计等八件有效载荷，主要科学目标是研究火星电离层及其空间环境、火星磁场等。萤火一号于2008年4月完成初样研制，2009年6月完成正样研制并赴俄罗斯联合测试。2011年11月9日，俄方宣布搭载有萤火一号的火卫一——土壤号探测器发射后变轨失败。萤火一号未能实现探测火星的使命。

天问一号任务

2020年7月23日，天问一号火星探测器在文昌卫星发射中心成功发射，中国人的首次火星探测之旅也正式开始。

　　中国首次火星探测任务共搭载 13 种有效载荷，其中环绕器 7 种、火星车 6 种，主要用于探测火星表面地形地貌、物质成分、次表层结构、空间环境等。探测器经过半年多的飞行后抵达火星，被火星的引力捕获。2021 年 5 月 15 日早上 7 点 11 分，天问一号调整好进入火星大气层的轨道，环绕器与着陆巡视组合体在火星上空分离。环绕器继续对火星进行遥感探测，同时作为与火星表面进行通信的中转站。着巡组合体进入火星大气层，时速高达 20000 千米，经过气动外形减速、降落伞减速和反推发动机动力减速，在短短的九分钟内，减速到零为止。最后成功着陆在火星表面的乌托邦平原。祝融号火星车驶离着陆平台，开始火星表面巡视探测。由于远距离数据传输的大时延，要求火星车必须具有很高的自主能力，火星光照强度小，加上火星大气对阳光的削减作用，火星车能源供给也比月球车更为困难。而中国首次火星探测任

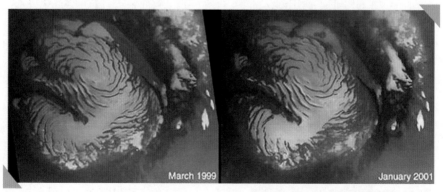

March 1999　　　January 2001

夏季火星北极极地冰帽的红外照片

务不仅实现了环绕火星的全球遥感探测，还突破了火星进入、下降、着陆、巡视、远距离测控通信等关键技术，实现了火星表面巡视探测，在一次任务中实现了"环绕、着陆、巡视"三个目标，使中国成为世界第二个成功实现航天器登陆火星的国家。

第六章

奇趣天文——奥妙之谜

不明飞行物

未经查明来历的空中飞行物。俗称飞碟。尚未判明和证认的空中飞行物的统称。20世纪40年代以来，有关的国际组织汇集的关于不明飞行物（UFO）的举报总数超过50万例，经排查和证认，其中45万例或为已知飞行物，或为误报和谎报，迄今尚遗有10%的事件仍属UFO，有待继续证认。

20世纪议论最多的是不

明飞行物。1948 年美国空军执行了一项"蓝皮书计划",经过 22 年研究,对 12600 份目击者的报告作了处理,发现其中 12000 起均为已知物体。1968 年美国科罗拉多大学成立了一个专门小组,有几十位各方面的专家参加,写出长达 1500 页的报告,结论是没有根据证实 UFO 是天外来客,对此问题无须再作研究。

地外生命

　　在太阳系内其他天体上的智慧生命(至少是会点火和用火),地球以外的天体上可能存在的生命现象。

　　19 世纪末,洛韦尔关于火星人及其运河的宣传曾经轰动一时,但 20 世纪空间探测器对太阳系各种天体的近距考察可以断定,在太阳系内除地球以外,其他天体上均无智慧生命存在。20 世纪 60 ~ 70 年代以来,借助空间科学手段进行过火星等太阳系天体的地外文明考察,尚无正面结论。2003 年开始的新的一轮火星探测和 2005 年实现的土星卫星——土卫六的着陆实验都是新一轮实施的地外生命的搜索项目。

占星术

　　通过观测天象来预卜人间事务的一种方术。又称星占术。远古时期，由于知识水平和生产力都很低下，不可避免地产生对超自然力的崇拜，认为上天的意志主宰着人间的吉凶祸福，还认为"天垂象，见吉凶"，上天会显示天象，给人以吉凶的预兆。占星术正是在这样的情况下产生的。

　　约公元前 3 世纪源于美索不达米亚，在古希腊、古罗马时代非常盛行。中世纪传入中亚和印度，后流行于西方。17 世纪衰落，但至今依然存在。中国至晚在西周已出现占星术，称为星占。占星术主要是用星象来占卜国家的兴亡、国君的安危、战争的胜负、收成的丰歉等社会重大事件。春秋战国时期，星占家们把地上的州、国与星空区域互相匹配对应，

认为当某种特殊天象出现在某个星区时，相应的州、国就会有异常事件发生。这就是所谓的分野，它是中国古代占星术中的一个重要内容。

约南北朝时期，自印度传入西方流传已久的占星术，与中国的"星命术"相结合，认为人的命运与人降生时的星宿位置、运行等情况有关，故以人出生的年月日时配以天干地支为八字，按天星运作推称人的命运。为唐宋时期"四柱命学"的命运占卜术的重要来源。至清代渐趋衰落。

在西方，中世纪时期有些国王把占星学家视为高参，也往往请他们根据星象占卜来确定重大政治事件的决策。但后来西方的占星术逐渐发展到对个人进行星占，如根据一个人诞生时日月五星在黄道十二宫中的位置，推算"算命天宫图"，以占卜个人一生的命运。

占星术牵强地把天象与人事联系在一起，是非科学的。但占星术对古代天文学的发展有一定促进作用。为了进行星占而引发注意观测天象，中国古代丰富的天象记载大多都是古人为了星占动机记录下来的，它们对解决当代某些重大天文课题具有学术价值。古代天文学家往往也是占星家，古代的天文学著作也往往带有占星术的成分。

X 行星

　　设想中存在的太阳系第十大行星，又称冥外行星。1930年发现冥王星后，由于质量太小，它的摄动力不足以产生海王星轨道运动的计算值和观测值的偏差，所以认为在冥王星之外还存在一个行星。

　　从 20 世纪 30 年代起，美国洛韦尔天文台开始旨在发现冥外行星的探寻。经过近 40 年的搜索在黄道带附近没有观测到任何亮度超过冥王星亮度 1/10 的环绕太阳运行的天体。1989 年"旅行者"2 号行星际探测器飞掠海王星，考察并订正了它的若干基本参数。此外，到那时已积累了海王星自 1846 年发现以来绕日公转将近一整周的运行观测资料。如今，它的轨道运动的计算值和观测值的不吻合度已大为减小，假设存在一个冥外行星的必要性也已降低。

　　21 世纪以来，利用大型光学望远镜相继在海王星轨道外

蓝色海王星

冥王星

侧发现了几个比冥王星卫星还大的天体，如赛德娜，以及一个比冥王星还大些的齐娜，它们的共同特征是公转轨道相当扁椭，且与黄道面倾角很大。现在多数认为它们都是柯伊伯带天体。2006年按照新的《行星定义》，冥王星和齐娜星都属于矮行星，从此X行星的"X"也不再具有"第十"的寓意。

月球起源

关于月球起源的学说。在20世纪70年代之前，月球的起源主要有三种理论，即"俘获说"、"同源说"和"分裂说"。

俘获说认为月球原为一个小行星，后因运行到地球附近被俘获。同源说认为地球和月球成双地同时和同地诞生于原始太阳星云。分裂说则认为月球是在太阳系形成之初，从地球中分离出去的。"阿波罗"探月计划执行后，有关月球的知识骤增，揭示出三种假说都有与月球和地月系的现实不相容之处。80年代初，关于月球起源的迷惘出现了重大突破。首先，新兴的混沌动力学指出，太阳系诞生的早期，行星的轨道仅能稳定几百万年，随即因受木星和土星的摄动而快速演变，继而出现频繁的大碰撞事件。其次，运用超大型计算机实现的三维流体力学模拟显示，曾有一个大小和火星近似的天体与形成不久的地球遭遇，发生偏心碰撞。该天体和幼年地球的一部分地幔被反弹到太空，其富铁的内核则融入地核，弹出的碎片又快速地重新聚集成为今日的月球。这一名为"大碰撞"的月球起源假说不仅兼有俘获说、同源说和分裂说的有据而有合理之处，还能很好地、更多地阐明诸如月球和地月系的轨道、角动量和运动、成分和结构等方面的特征。"大碰撞说"是当前最为流行的月球起源新说。

地外文明

　　地球以外的天体上可能存在的智慧生物及其文明。根据确信生命的起源和演化是宇宙中的一个普遍规律的理念，一些天文学家认为生命的出现和存在、生物的栖息和繁衍也都是普遍规律。

　　只要具备适合的条件和环境就会有生命诞生，只要有可以能存活生物的天体，就可能出现智慧生物和文明社会。因此，人在宇宙间不占有特殊地位。当然，人类的外形是地球的自然条件决定的，是碳化合物经过几十亿年演化的结果。在条件和地球相差很大的其他天体上，可能存在着生理结构和地球上人类相差很大但能适应那里条件的高级生物。这些地外高级生物的科学技术发展程度，可能有的还非常落后（不属于文明阶段），可能有的与人类文明接近或远比人类先进。人类文明已经发明无线电报、电视、雷达、激光通信、

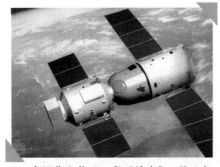

中国载人航天工程"神舟"5号飞船

电子计算机、火箭和原子能，并且已经发射航天飞船。地外理智生物也可能有这些发明，甚至有更高级的发明。他们很可能已经获得和发现超出我们理解力的知识和定律。

有些研究家把文明分为三种类型：Ⅰ型文明是只能控制本星球的文明，利用本星球的矿藏能源，在本星球上种植、生产和居住，人类文明就属于Ⅰ型文明。Ⅱ型文明是能掌握整个恒星和所属行星系统的文明。以地球为例，如果人类将来能掌握整个太阳系内任何天体的物质和能源时，就进入了Ⅱ型文明时期。Ⅲ型文明是能掌握整个星系的文明。以银河系为例，它的直径为8.15万光年，拥有一两千亿颗恒星。将来人类能掌握整个银河系的文明时，就进入了很高级的Ⅲ型文明时期。Ⅱ型和Ⅲ型文明称为超级文明。科学家估计银河系内具有地外文明的天体数目可达10万个。

从20世纪下半叶起，陆续实施了一些地外文明的探索，如60年代的"奥兹马"计划、70年代的"独眼神"计划、80年代的地外文明搜寻（SETI）计划、90年代的微波观测计划、META计划和Serendip计划，采用的方法主要是用射电望远镜指向特选的恒星，搜索它们的行星上的智慧社会发射的呼唤。迄今尚未获得任何非自然信息。